21世纪高等学校计算机规划教材

21st Century University Planned Textbooks of Computer Science

Visual Basic 程序设计实验指导

Practical Guide to Visual Basic Programming

隋玉敏 刘芳 主编
苏宝茹 叶臣 万玉 副主编

高校系列

人民邮电出版社
北京

图书在版编目（CIP）数据

Visual Basic程序设计实验指导 / 隋玉敏，刘芳主编. -- 北京：人民邮电出版社，2015.8（2018.1重印）
21世纪高等学校计算机规划教材
ISBN 978-7-115-39753-9

Ⅰ. ①V… Ⅱ. ①隋… ②刘… Ⅲ. ①BASIC语言—程序设计—高等学校—教材 Ⅳ. ①TP312

中国版本图书馆CIP数据核字(2015)第152476号

内 容 提 要

本书是主教材《Visual Basic 程序设计教程》的配套实验指导书。本书共 10 章，包含了 VB 程序设计的语言基础、控制结构、数组、过程、控件及界面设计、文件和绘图等内容，并附有"制作安装程序"和主教材课后习题参考答案。

全书内容紧扣主教材的知识点，并有适当的扩展。实验题目由浅入深，循序渐进，分为基础型实验和提高型实验。每个实验给出了详尽指导，语言通俗易懂，部分实验给出了思考提示或注意事项。

本书可以作为高等院校或高职高专各专业计算机程序设计基础课的实验指导用书，也可以作为培训班或自学者的参考资料。

◆ 主　　编　隋玉敏　刘　芳
　　副 主 编　苏宝茹　叶　臣　万　玉
　　责任编辑　邹文波
　　执行编辑　吴　婷
　　责任印制　沈　蓉　彭志环

◆ 人民邮电出版社出版发行　北京市丰台区成寿寺路 11 号
　　邮编　100164　电子邮件　315@ptpress.com.cn
　　网址　http://www.ptpress.com.cn
　　固安县铭成印刷有限公司印刷

◆ 开本：787×1092　1/16
　　印张：8.5　　　　　　　　2015 年 8 月第 1 版
　　字数：220 千字　　　　　　2018 年 1 月河北第 4 次印刷

定价：24.00 元

读者服务热线：(010)81055256　印装质量热线：(010)81055316
反盗版热线：(010)81055315
广告经营许可证：京东工商广登字 20170147 号

前 言

　　上机实践是学习程序设计过程中一个非常重要的环节。只有通过上机实践，学生才能真正理解课堂所讲内容，掌握各种语言要素和程序设计思想；只有通过实践才能真正掌握一些编程方法和编程技巧，当方法和技巧积累到一定程度时，学生自然而然就能够独立进行程序设计，解决实际问题了。

　　本书以一个程序设计初学者的视角分析每一个实验环节，以"小贴士"的形式融入编者多年的教学经验，来提示学生每个环节应该注意的问题，帮助学生掌握编程技巧和提高编程能力等。

　　实验题目由浅入深，内容通常与学生学习、生活、活动有关，更易于学生理解和提高学习兴趣。本书的实验题目分为两种类型：基础型实验和提高型实验。其中基础型实验紧扣教材内容，主要训练学生程序设计的基本能力，内容设置上多是一些典型、难度适中的题目，这些实验题目要求每个学生必须完成并熟练掌握；提高型实验内容有一定的扩展和难度，如在"数组"部分扩充了"字符串处理函数"的应用，在"用户界面设计"部分扩展了"界面设计的优化"，扩充了"富文本框的应用"等内容，目的是使学习能力较强的学生能够学到更多的知识，提高程序设计能力。教学中，教师可根据学生接受能力和课时情况酌情安排提高型实验内容。

　　本书的实验指导部分较为详尽，但为了锻炼学生的独立思考能力，对于一些要求学生重点思考和掌握的知识点，在代码设计中的相应位置保留了空白，由学生自行完善。需要指出的是，读者不要被书中的代码和思路所束缚，因为编程的方法很多，读者可以根据实验内容先思考自己的解题方法，然后再参考本书，选择较好的解题方法去实践。

　　本书是《Visual Basic 程序设计教程》的配套实验教程，章节安排与主教材一致，附录中配有"制作安装程序"和教材课后习题参考答案。建议学生在每学完教材的一部分内容后，首先根据实验指导书上的指导完成实验指导书上的实验题目，掌握一定的相关知识，具备了一定的编程能力后，再独立完成教材中的编程题。

　　本书由青岛科技大学隋玉敏、刘芳任主编，苏宝茹、叶臣、万玉任副主编。本书的第 1 章、第 4 章、第 8 章和附录 A 由隋玉敏编写，第 2 章、第 3 章由苏宝茹编写，第 6 章、第 7 章由刘芳编写，第 5 章、第 9 章由叶臣编写，第 10 章由万玉编写。

　　由于时间仓促，编者水平和经验有限，书中难免有欠妥和错误之处，恳请读者批评指正。

编　者

2015 年 6 月

目 录

第 1 章 Visual Basic 入门 ·················1
 实验一 熟悉 VB 集成开发环境 ·········1
 实验二 文件保存及启动对象设置 ······3

第 2 章 VB 基本控件和简单
    程序设计 ······································7
 2.1 基础型实验 ·····································7
  实验一 揭示密码 ···································7
  实验二 摄氏温度与华氏温度互转 ······9
  实验三 输出图形 ·································11
  实验四 显示学生信息 ·························13
 2.2 提高型实验 ···································16
  实验一 简易文字编辑器 ·····················16
  实验二 移动浮雕效果文字 ·················19

第 3 章 Visual Basic 语言基础 ······21
 3.1 基础型实验 ···································21
  实验一 算术、关系和逻辑运算符的
     使用 ···21
  实验二 常用内部函数的使用 ·············22
  实验三 统计选票 ·································24
  实验四 计算离毕业还有多长时间 ······26
  实验五 字符串查找与替换 ·················28
 3.2 提高型实验 ···································31
  实验一 五彩闪烁文字 ·························31
  实验二 图片的缩放 ·····························33

第 4 章 程序控制结构 ·······················36
 4.1 基础型实验 ···································36
  实验一 信息验证 ·································36
  实验二 分段函数 ·································38
  实验三 字符种类判断 ·························40
  实验四 用 Select Case 语句实现字符
     种类判断 ·····································42
  实验五 随机点名 ·································43
  实验六 等式验证 ·································45

  实验七 数列求和 ·································46
  实验八 人口预测计算 ·························48
  实验九 比赛评分 ·································50
 4.2 提高型实验 ···································51
  实验一 输入数据的检验 ·····················51
  实验二 猴子摘桃子的问题 ·················53
  实验三 迭代法求解方程的根 ·············54
  实验四 用双重循环实现二维图形的
     输出 ···55

第 5 章 数组 ···57
 5.1 基础型实验 ···································57
  实验一 成绩统计问题 ·························57
  实验二 阶乘问题 ·································60
  实验三 排序问题 ·································62
  实验四 矩阵问题 ·································65
  实验五 控件数组的应用 ·····················68
 5.2 提高型实验 ···································70
  实验一 数据查找和删除问题 ·············70
  实验二 字符串函数的应用 ·················73

第 6 章 过程 ···76
 6.1 基础型实验 ···································76
  实验一 用自定义 Sub 过程输出星花
     矩阵 ···76
  实验二 用 Function 过程求阶乘和 ······77
  实验三 用 Function 过程输出 100 以内的
     所有素数 ·····································78
 6.2 提高型实验 ···································79
  实验一 参数按地址传递的应用 ·········79
  实验二 过程的递归调用 ·····················81
  实验三 使用数组参数 ·························82
  实验四 使用对象参数 ·························84

第 7 章 常用内部控件 ·······················86
 7.1 基础型实验 ···································86

实验一 设置文本字体、字号和效果	86	
实验二 游戏管理	88	
实验三 使用组合框实现列表的管理	90	
实验四 滚动字幕设计	91	
7.2 提高型实验	92	
实验 图像缩放	92	

第 8 章 用户界面设计 …… 95
8.1 基础型实验 …… 95
8.2 提高型实验 …… 99
    实验一 自定义对话框的优化 …… 99
    实验二 基于富文本框的高级文本
            编辑器的设计 …… 101

第 9 章 文件 …… 106
    实验一 信息存储问题 …… 106
    实验二 信息处理问题 …… 108
    实验三 学生信息管理 …… 110
    实验四 文件系统控件的应用 …… 112

第 10 章 图形 …… 115
10.1 基础型实验 …… 115
    实验一 Line 方法 …… 115
    实验二 Circle 方法 …… 117
    实验三 时钟 …… 118
10.2 提高型实验 …… 119
    实验 MSChart 控件应用 …… 119

附录 A 制作安装程序 …… 122

附录 B 教材课后习题参考答案 …… 126
第 1 章 Visual Basic 入门 …… 126
第 2 章 VB 基本控件和简单程序
       设计 …… 126
第 3 章 Visual Basic 语言基础 …… 127
第 4 章 程序控制结构 …… 127
第 5 章 数组 …… 128
第 6 章 过程 …… 128
第 7 章 常用内部控件 …… 129
第 8 章 用户界面设计 …… 129
第 9 章 文件 …… 130
第 10 章 图形 …… 130

第1章 Visual Basic 入门

【实验目的】
1. 了解 VB 的启动和退出方法。
2. 熟悉 VB 集成开发环境。
3. 掌握 VB 集成开发环境中标题栏、菜单栏、工具栏中常用命令和特殊标识。
4. 掌握工具箱、属性窗口、工程资源管理器窗口、代码窗口、窗体布局窗口的作用及使用。
5. 掌握 VB 程序设计的基本步骤。

实验一 熟悉 VB 集成开发环境

【实验内容】
1. 启动 VB 系统，新建一个"标准 EXE"工程，认识并学会打开或关闭工具箱、属性窗口、工程资源管理器窗口、代码窗口、窗体布局窗口等。
2. 通过窗体的属性窗口，设置窗体标题栏文本为"你相信吗"，设置窗体的字体为"隶书"，字型为"粗体"，字号为"三号"，窗体前景色为"蓝色"，了解属性窗口的使用。
3. 在窗体上添加一个命令按钮，单击该命令按钮能在窗体上显示"勤有功，戏无益！"。
4. 运行程序，单击命令按钮。

【实验指导】
1. 打开【开始】菜单，依次选择【程序】→【Microsoft Visual Basic 6.0 中文版】→【Microsoft Visual Basic 6.0 中文版】菜单选项就可启动 VB。启动 VB 后，将首先出现版权页，稍后屏幕显示【新建工程】对话框，如图 1-1 所示，图中显示的是【新建】选项卡。

单击"打开"按钮即可创建一个"标准 EXE"工程，如图 1-2 所示。

图 1-1 【新建工程】对话框

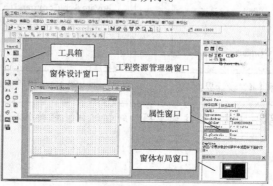

图 1-2 VB6.0 集成开发环境

单击"工程资源管理器窗口"和"属性窗口"的关闭按钮,练习集成环境中各窗口的关闭。然后通过菜单栏中的【视图】菜单找到【资源管理器窗口】和【属性窗口】,分别单击,练习集成环境中各窗口的打开。各窗口的打开也可通过工具栏上的按钮来实现,如图 1-3 所示。其他窗口的关闭与打开与上述方法相同。

图 1-3 工具栏中各窗口按钮

2. 在窗体设计窗口选中窗体,然后在属性窗口设置窗体的 Caption 属性为"你相信吗",实现窗体标题栏文本显示。在属性窗口设置窗体的 Font 属性,在 Font 属性页中分别设置字体、字形和字号。在属性窗口中设置窗体的 ForeColor 属性(前景色),通过调色板设置为蓝色。

3. 单击"工具箱"中的 Command 按钮,光标变成"+"形,在窗体设计窗口上按下鼠标左键画出一个命令按钮,如图 1-4 所示。双击 Command1 命令按钮,将会打开代码窗口,在代码窗口中编写代码,如图 1-5 所示。

4. 单击【运行】菜单中的【运行】菜单项,运行程序,也可单击工具栏上的运行按钮"▶"。这时会发现,VB 的菜单栏由原先的"设计"状态变成"运行"状态。此时,单击 Command1 命令按钮,将会触发该按钮的单击事件,程序将执行 Command1_Click() 事件的代码,该代码的功能是在窗体上输出文本"勤有功,戏无益!"。运行结果如图 1-6 所示。

> 小贴士
> ➢ "运行"状态下不能修改界面和代码,"中断"(Break)状态下只能修改代码,不能修改界面,"设计"状态下既可以修改界面,也可以修改代码。
> ➢ 代码 Print "勤有功,戏无益!"中的双引号一定是英文的双引号。
> ➢ 熟练使用工具栏上的按钮或使用快捷菜单、快捷键能提高工作效率,请尽量掌握使用快捷键的方法。

 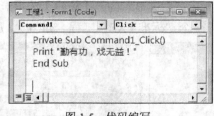 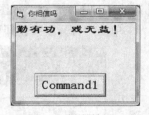

图 1-4 设计界面　　　　　图 1-5 代码编写　　　　　图 1-6 运行结果

✎ 笔记:(请记录注意事项、纠错过程、经典代码等内容)

实验二 文件保存及启动对象设置

【实验内容】

1. 基于"实验一",添加一个新的窗体,添加一个标准模块。
2. 保存文件。
3. 通过窗体的属性窗口,设置窗体 Form2 的标题栏文本为"我相信",设置窗体的字体为"隶书",字形为"粗体",字号为"三号",窗体背景色为"蓝色",前景色为"黄色"。
4. 在窗体 Form2 上添加命令按钮 Command1,单击该按钮在窗体上显示"蚕吐丝,蜂酿蜜;""人不学,不如物。"
5. 设置窗体 Form2 为启动对象。

【实验指导】

1. 单击【工程】菜单中的【添加窗体】菜单项,或在【工程资源管理器】窗口中右键单击"工程 1（工程 1）",在弹出的快捷菜单中单击【添加】→【添加窗体】,或单击工具栏上 下拉菜单中的"添加窗体",将会出现图 1-7 所示"添加窗体"对话框。单击"打开"按钮,将会添加一个新的窗体 Form2。

单击【工程】菜单中的【添加模块】菜单项,或在"工程资源管理器"窗口中右键单击"工程 1（工程 1）",在弹出的快捷菜单中单击【添加】→【添加模块】,或单击工具栏上 下拉菜单中的"添加模块",将会出现图 1-8 所示"添加模块"对话框。单击"打开"按钮,将会添加一个新的标准模块 Module1。

添加完窗体 Form2 和标准模块 Module1 的工程 1 如图 1-9 所示。

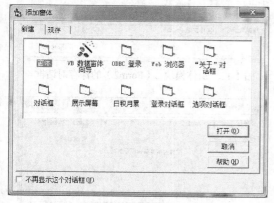

图 1-7 添加窗体对话框

图 1-8 添加模块对话框

2. 程序在运行前应先进行文件保存,以免因意外断电或机器故障造成损失。一个工程可以拥有多个窗体,多个标准模块,保存时每个窗体、每个标准模块都以独立的文件来保存,也就是说有几个窗体、几个标准模块就会产生几个窗体文件和几个标准模块文件,最后还会产生一个工程文件。该工程文件"统领"整个工程的所有文件。

文件保存分为初次保存和再次保存。初次保存时,系统会自动提示用户保存工程中尚未保存的所有文件。再次保存是指当文件内容有改动后需保存新内容时做的保存,系统会自动用修改后的内容替换原有内容,而不给出保存文件信息的提示。

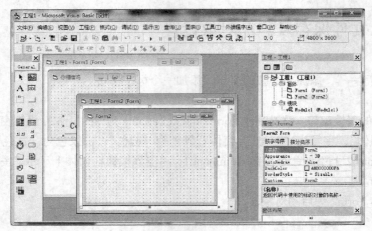

图 1-9　添加窗体 Form2 和标准模块 Module1

初次保存可单击【文件】菜单中的【保存工程】菜单项，或单击工具栏上的保存按钮■，系统就会自动提示用户应该保存的文件的默认信息。如该工程会依次出现以下 4 个信息提示（见图 1-10 ~ 图 1-13）。

图 1-10　标准模块 1（Module1）的保存对话框

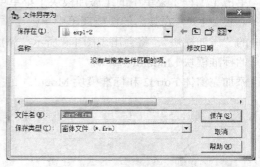

图 1-11　窗体模块 2（Form2）的保存对话框

图 1-12　窗体模块 1（Form1）的保存对话框

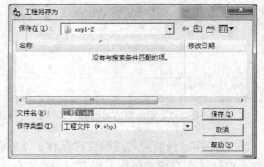

图 1-13　工程 1 的保存对话框

小贴士　在保存第一个文件时要选择正确的保存位置，见图 1-10 中的"保存在（I）："，该处用来选择保存位置。建议用户选择自己的磁盘，如 D 盘或优盘，在自己的磁盘上创建见名知义的文件夹，如用来保存实验题目的文件夹可命名为 exp1-2，表示实验（experiment）第 1 章的第 2 个实验。该工程中的其他文件可以使用默认的文件名保存在该文件夹下。

工程文件"工程 1.vbp"如同一个"统领"性文件。该文件中描述了该工程包含的所有窗体模块、标准模块、启动窗体等的信息。用记事本打开该文件,内容如图 1-14 所示。

当完成上述 4 个文件的保存时,该工程的所有文件才保存完毕。这时,打开计算机的资源管理器,会在该工程的保存位置看到该工程的所有文件,如图 1-15 所示。

图 1-14 "工程文件"的主要内容　　　　图 1-15 实验 1-2 的所有文件

> **小贴士** 由于工程文件是个"统领"性文件,掌管着整个工程所有资源,所以要打开一个工程时,应双击工程文件,该工程文件会自动将工程所拥有的所有资源加载到工程中。在该实验中,会自动加载窗体模块 1、窗体模块 2、标准模块 1。切忌双击某个窗体模块或标准模块来打开工程,这样将会破坏原有的工程结构而产生一个新的、你可能不需要的工程文件。

3. 选中窗体 Form2,在属性窗口设置窗体 Form2 的 Caption 属性为"我相信",实现窗体标题栏文本显示。在属性窗口设置窗体的 Font 属性,在 Font 属性页中分别设置字体、字形和字号。在属性窗口中设置窗体的 BackColor 属性(背景色)为蓝色,ForeColor 属性(前景色)为黄色。

4. 在窗体 Form2 上添加命令按钮 Command1,编写 Command1 的单击事件代码,如图 1-16 所示。

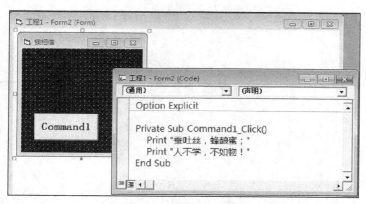

图 1-16 窗体 2 的代码

5. 由于窗体 Form2 的内容做了一些修改,为了及时保存修改过的内容,可单击【文件】菜单中的【保存工程】菜单项,或单击工具栏上的保存按钮 ■ 实现再次保存。

运行程序。会发现总是窗体 Form1(标题为"你相信吗")被启动,若想启动窗体 Form2(标题为"我相信")需要设置工程的启动对象。具体操作为:单击【工程】菜单中的"工程 1 属性(E)…"

菜单项或在资源管理器窗口右击"工程1",在弹出的快捷菜单中选择【工程1属性(E)...】,将会出现图1-17所示的对话框,在启动对象中选择要启动的对象Form2即可。

程序运行结果如图1-18所示。

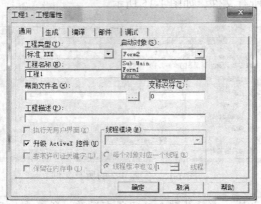

图1-17 工程属性设置对话框

图1-18 运行结果

> 小贴士

文件保存是初学者容易出错的地方,经常出现文件存完后不知道存到哪里了而找不到文件,也经常会出现由于搞不清楚工程文件的作用而单独打开窗体文件破坏原有工程文件结构的情况,使得多个窗体失去原有的关联。所以文件保存切记以下两点。

➢ 文件保存一定要选择正确的保存位置。
➢ 工程的打开是双击工程文件而不是窗体文件。

✏ 笔记:(请记录注意事项、纠错过程、经典代码等内容)

第2章
VB 基本控件和简单程序设计

【实验目的】
1. 在实验中了解对象的三要素。
2. 掌握建立、编辑和运行简单的 Visual Basic 应用程序的全过程。
3. 熟悉窗体的建立，掌握窗体常用的属性、事件和方法。
4. 学会用属性窗口和赋值语句设置对象的属性。
5. 掌握基本控件（命令按钮、标签、文本框）的创建和应用。

2.1 基础型实验

实验一 揭示密码

【实验内容】
设计一个窗体，添加一个命令按钮，其标题为"揭秘"；再添加三个标签，其中两个标签用于显示提示信息，其标题分别为"密码"和"明码"；另外再添加两个文本框，其中一个文本框用于输入密码，输入的密码要以"*"号显示，密码的长度为6个字符。当用户单击"揭秘"按钮时，同时在另一个文本框和第三个标签中将密码的真实字符显示出来。

【实验指导】
在属性窗口中将文本框的 PasswordChar 属性设置为"*"，就可以使输入到该文本框中的文本以"*"号的形式显示。将文本框的 MaxLength 属性设置为6，就可控制该文本框输入密码的个数为6个字符。

【界面设计】
界面设计如图 2-1 所示。

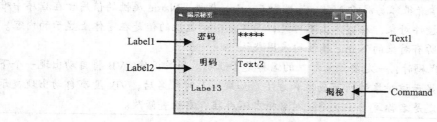

图 2-1　界面设计

【属性设置】

设计阶段可以在属性窗口中设置控件的部分属性。

Form1 的 Caption 属性设置为 "揭示秘密"。

Label1 的 Caption 属性设置为 "密码"。

Label2 的 Caption 属性设置为 "明码"。

Command1 的 Caption 属性设置为 "揭秘"。

Text1 的 PasswordChar 属性设置为 "*"。

Text1 的 MaxLength 属性设置为 6。

【代码设计】

```
' 一些控件的初始属性也可在窗体的 Load 事件中设置
Private Sub Form_Load()
    Form1.Caption = "揭示秘密"
    Label1.Caption = "密码"
    Label2.Caption = "明码"
    Command1.Caption = "揭秘"
    Text1.PasswordChar = "*"
    Text1.MaxLength = 6
    Text1.Text = ""    ' 程序运行后首先清空 Text1 和 Text2
    Text2.Text = ""
End Sub

' 在 Text1 中输入密码后,单击"揭秘"按钮事件过程
Private Sub Command1_Click()
    Text2.Text = Text1.Text      '将 Text1 中的文本显示在 Text2 中
    ' 将 Text1 中的文本显示在 Label3 中
    Label3 .Caption = "您输入的密码是: " & Text2.Text
End Sub
```

【运行结果】

运行结果如图 2-2 所示。

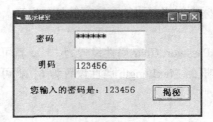

图 2-2 运行结果

> 初学者很容易混淆 Name 属性和 Caption 属性,Name 属性的值用于在程序中唯一地标识该控件对象,在窗体上不可见;而 Caption 属性的值是在窗体上显示的内容。实验一中的所有对象的 Name 属性均采用默认。

小贴士

> 写代码时,一定要注意对象的名称是否正确。如果正确,VB 将自动出现一个下拉式列表框显示该对象的所有属性和方法。如果输入对象名后,VB 没有自动出现提示列表框,肯定是名称写错了或是该对象根本不存在,需检查修改。

✎ 笔记：（请记录注意事项、纠错过程、经典代码等内容）

实验二　摄氏温度与华氏温度互转

【实验内容】

设计一个程序完成华氏温度和摄氏温度之间的转换。

【实验指导】

华氏温度和摄氏温度之间的转换公式如下。

摄氏转华氏：华氏 = 摄氏*9/5+32。

华氏转摄氏：摄氏 =（华氏-32）*5/9。

【界面设计】

界面设计如图 2-3 所示。

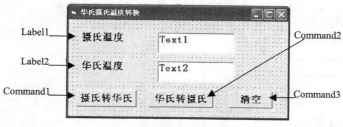

图 2-3　界面设计

【属性设置】

设计阶段可以在属性窗口中设置控件的部分属性。

Form1 的 Caption 属性设置为"华氏摄氏温度转换"。

Form1 的 FontName 属性设置为"宋体"。

Form1 的 FontSize 属性设置为"四号"。

Form1 的 FontBold 属性设置为"True"。

Label1 的 Caption 属性设置为"摄氏温度"。

Label2 的 Caption 属性设置为"华氏温度"。

Command1 的 Caption 属性设置为"摄氏转华氏"。

Command2 的 Caption 属性设置为"华氏转摄氏"。

Command3 的 Caption 属性设置为"清空"。

【代码设计】

' 一些控件的初始属性也可在窗体的 Load 事件中设置

```
Private Sub Form_Load()
    Form1.Caption = "华氏摄氏温度转换"
    Form1.FontName = "宋体"
    Form1.FontSize = 14
    Form1.FontBold = True
    Label1.Caption = "摄氏温度"
    Label2.Caption = "华氏温度"
    Command1.Caption = "摄氏转华氏"
    Command2.Caption = "华氏转摄氏"
    Command3.Caption = "清空"
    Text1.Text = ""            ' 清空两个文本框
    Text2.Text = ""
End Sub

' 单击"摄氏转华氏"事件过程
Private Sub Command1_Click()
    Text2.Text = Val(Text1.Text) * 9 / 5 + 32
End Sub

' 单击"华氏转摄氏"事件过程
Private Sub Command2_Click()
    _____
End Sub

' 单击"清空"事件过程
Private Sub Command3_Click()
    _____
    _____
End Sub
```

【运行结果】

运行结果如图 2-4 所示。

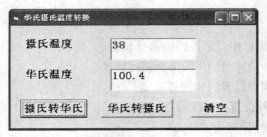

图 2-4　运行结果

> 在 VB 表达式中出现"乘号"用"*"表示,而且不可以省略。
> 设置窗体上所显示字体的大小时,使用 FontSize 属性,其属性值应当以英文的"磅值"为单位,而不能以中文的"字号"为单位。例如:要在窗体上显示四号字,应当使用语句 Form1.FontSize = 14,而不是 Form1.FontSize = "四号"。
> 常用的汉字字号与英文磅值的对照如下。

字号	初号	小初	一号	小一	二号	小二	三号	小三	四号	小四	五号	小五	六号	小六	七号
磅值	42	36	26	24	22	18	16	15	14	12	10.5	9	7.5	6.5	5.5

✎ **笔记：**（请记录注意事项、纠错过程、经典代码等内容）

实验三　输出图形

【实验内容】

创建一个窗体，在窗体上添加三个命令按钮（Command1、Command2 和 Command3），其标题分别是"打印图形""图形倒置"和"清空"。当用户单击"打印图形"按钮时，窗体的背景变为蓝色，在窗体的指定位置显示"星光灿烂"黄色字符串，在字符串的下方输出两个由"☆"组成的图形；当用户单击"图形倒置"按钮时，窗体的背景变为黄色，原来的字符串变成蓝色，原来的图形被倒置。当用户单击"清空"按钮时，窗体上的字符串和图形均消失。运行后的界面如图 2-5 和图 2-6 所示。

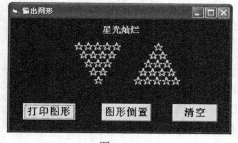

图 2-5

图 2-6

【实验指导】

利用窗体的 Print 方法可以在窗体上打印文本和图形。文本和图形的定位可以通过 Tab、Spc 函数和打印表达式后面的逗号、分号和无符号来控制。窗体的背景和前景颜色可以用 BackColor 和 ForeColor 属性来实现。清空窗体使用 Cls 方法。

【界面设计】

界面设计如图 2-7 所示。

【属性设置】

设计阶段在属性窗口中设置有关控件的部分属性。

Form1 的 Caption 属性设置为"输出图形"。

Form1 的 FontName 属性设置为"宋体"。

Form1 的 FontSize 属性设置为四号。

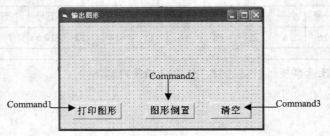

图 2-7　界面设计

Form1 的 FontBold 属性设置为 True。
Command1 的 Caption 属性设置为"打印图形"。
Command2 的 Caption 属性设置为"图形倒置"。
Command3 的 Caption 属性设置为"清空"。

【代码设计】

```
' 一些控件的初始属性也可在窗体的 Load 事件中设置
Private Sub Form_Load()
    Form1.Caption = "输出图形"
    Form1.FontName = "宋体"
    Form1.FontSize = 14
    Form1.FontBold = True
    Command1.Caption = "打印图形"
    Command2.Caption = "图形倒置"
    Command3.Caption = "清空"
End Sub

' 单击"打印图形"按钮事件过程
Private Sub Command1_Click()
    Cls                                 ' 清空窗体
    Form1.BackColor = vbBlue            ' 窗体的背景颜色为蓝色
    Form1.ForeColor = vbYellow          ' 窗体的前景颜色为黄色
    Form1.FontSize = 12                 ' 窗体上的字号为 12 号
    CurrentX = 2500
    CurrentY = 200                      ' 在坐标(2500,200)处开始打印
    Print "星光灿烂"                    ' 打印字符串"星光灿烂"
    Print                               ' 打印一行空行
    Print Tab(14); "☆☆☆☆☆"; Spc(6); "☆"    ' 在 14 列打印 5 个☆ 空 6 列打印 1 个☆
    Print Tab(15); "☆☆☆☆"; Spc(6); "☆☆"    ' 在 15 列打印 4 个☆ 空 6 列打印 2 个☆
    Print Tab(16); "☆☆☆"; Spc(6); "☆☆☆"
    Print Tab(17); "☆☆"; Spc(6); "☆☆☆☆"
    Print Tab(18); "☆"; Spc(6); "☆☆☆☆☆"
End Sub

' 单击"图形倒置"按钮事件过程
Private Sub Command2_Click()
    _____      ' 清空窗体
    _____      ' 窗体的背景颜色为黄色
```

```
                                      ' 窗体的前景颜色为蓝色
                                      ' 在坐标(2500,200)处开始打印
                                      ' 打印字符串"星光灿烂"
                                      ' 打印一行空行
                                      ' 在18列打印1个☆ 空6列打印5个☆




End Sub

' 单击"清空"按钮事件过程
Private Sub Command3_Click()
    Cls              ' 清空窗体
End Sub
```

> 小贴士
>
> ➤ Tab(n)函数和Spc(n)函数在定位打印时是有区别的,Tab(n)从最左第1列开始算起定位于第n列,而Spc(n)从前一个打印位置起空n个空格。
>
> ➤ "☆"的输入只要切换到中文输入,然后光标指向输入法上的软键盘,按右键选择"特殊字符",选择"☆"即可。

✎ 笔记:(请记录注意事项、纠错过程、经典代码等内容)

实验四 显示学生信息

【实验内容】

编写程序,输入学生的姓名、年龄、性别、通信地址、电话信息,然后将输入的信息以适当的格式显示在标签上。

【实验指导】

利用文本框采集学生的信息,然后在标签上输出。输出时可以使用VB符号常量vbCrLf回车换行,用"&"符号连接信息。

【界面设计】

界面设计如图2-8所示。

【属性设置】

设计阶段在属性框中设置有关控件的部分属性如下。

Form1 的 Caption 属性设置为"显示学生信息"。

Form1 的 FontName 属性设置为"宋体"。

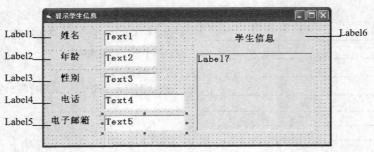

图 2-8 界面设计

Form1 的 FontSize 属性设置为"四号"。
Form1 的 FontBold 属性设置为"True"。
Label1 的 Caption 属性设置为"姓名"。
Label2 的 Caption 属性设置为"年龄"。
Label 3 的 Caption 属性设置为"性别"。
Label 4 的 Caption 属性设置为"电话"。
Label 5 的 Caption 属性设置为"电子邮箱"。
Label 6 的 Caption 属性设置为"学生信息"。
Text1 的 Name 属性设置为"txtName"。
Text2 的 Name 属性设置为"txtAge"。
Text3 的 Name 属性设置为"txtGender"。
Text4 的 Name 属性设置为"txtTel"。
Text5 的 Name 属性设置为"txtEmail"。

【代码设计】

```
' 一些控件的初始属性也可在窗体的 Load 事件中设置
Private Sub Form_Load()
    Show
    Form1.Caption = "显示学生信息"
    Form1.FontName = "宋体"
    Form1.FontSize = 14
    Form1.FontBold = True
    Label1.Caption = "姓名"
    Label2.Caption = "年龄"
    Label3.Caption = "性别"
    Label4.Caption = "电话"
    Label5.Caption = "电子邮箱"
    Label6.Caption = "学生信息"
    Text1.Name = "txtName"
    Text2.Name = "txtAge"
    Text3.Name = " txtGender"
    Text4.Name = " txtTel"
    Text5.Name = " txtEmail"
    txtName.Text = ""          ' 清空所有文本框
    txtAge.Text = ""
    txtGender.Text = ""
```

```
    txtTel.Text = ""
    txtEmail.Text = ""
    Label7.Caption = ""
    txtName.SetFocus
End Sub

' 当光标从文本框 txtName 移开时,发生下面事件
Private Sub txtName_LostFocus()
    Label7.Caption = vbCrLf & "姓名: " & txtName.Text
End Sub

' 当光标从文本框 txtAge 移开时,发生下面事件
Private Sub txtAge_LostFocus()
    Label7.Caption = Label7.Caption & vbCrLf & "年龄: " & txtAge.Text & "岁"
End Sub

' 当光标从文本框 txtGender 移开时,发生下面事件
Private Sub txtGender_LostFocus()
    Label7.Caption = _____
End Sub

' 当光标从文本框 txtTel 移开时,发生下面事件
Private Sub txtTel_LostFocus()
    Label7.Caption = _____
End Sub

' 当在文本框 txtEmail 中单击回车键时发生下面事件
Private Sub txtEmail_KeyPress(KeyAscii As Integer)
    If KeyAscii = 13 Then
        Label7.Caption = Label7.Caption & vbCrLf & "电邮: " & txtEmail.Text
    End If
End Sub
```

【运行结果】

运行结果如图 2-9 所示。

图 2-9 运行结果

> 小贴士　　在 VB 中只允许使用西文标点符号,任何中文标点符号在程序编译时都会产生"无效字符"错误,系统在该行以红色字显示。中西文状态下的标点符号对照如下。

西文状态	,	.	'	"	;	-	<
中文状态	，	。	'	"	；	——	《

笔记：（请记录注意事项、纠错过程、经典代码等内容）

2.2 提高型实验

实验一 简易文字编辑器

【实验内容】

创建一个窗体，在其上设计一系列命令按钮，实现对文本框内容的编辑，包括：

1. 对文本框文字的剪切、复制、粘贴和删除。
2. 设置或取消设置文本框文字的下划线、删除线、粗体和斜体效果。
3. 改变文本框文字的大小。

【界面设计】

界面设计如图 2-10 所示。

图 2-10　界面设计

【实验指导】

1. 在窗体上添加 13 个命令按钮，分别将它们的名称属性依次设置为 cmdCut、cmdCopy、cmdPaste、cmdDelete、cmdUnderln、cmdStrikethru、cmdBold、cmdItalic、cmdLeft、cmdCenter、cmdRight、cmdEnlarge、cmdShrink。

2. 将按钮 cmdEnlarge、cmdShrink 的 Caption 属性分别设置为 "放大" 和 "缩小"。其余的 11 个按钮的 Capion 属性清空。

3. 将 Capion 属性被清空的 11 个按钮的 Style 属性设置为 1（Graphical），以便在命令按钮表面添加图片，将它们的 Picture 属性分别设置为相应的图片（按钮表面的图片可以在"C:\Program Files\Microsoft Visual Studio\Common\Graphics\Bitmaps\Tlbr_W95"文件夹中找到）。

4. 在窗体上添加一个文本框 Text1，并将 Text1 的 MultiLine 属性设置为 True，使文本框可以显示多行；将 Text1 的 ScrollBars 设置为 2，使文本框具有垂直滚动条。

5. 将窗体的 Caption 属性设置为"简易文本编辑器"。

【代码设计】

1. 首先在窗体的通用声明处定义一个变量 s（变量的概念参考课本 3.4.1），代码如下：

```
Dim s As String    ' 变量就是内存单元，这里用变量s来模拟剪贴板
```

2. 运行时，单击"剪切"按钮时，将文本框中选中的文本保存在变量 s 中，并且清空选中的文本，使"剪切"和"复制"按钮不可用，该事件过程代码如下。

```
Private Sub cmdCut_Click()
    s = Text1.SelText           ' 将文本框中选中的文本保存在变量s中
    Text1.SelText = ""          ' 清空选中的文本
    cmdCut.Enabled = False      ' "剪切"按钮不可用
    cmdCopy.Enabled = False     ' "复制"按钮不可用
End Sub
```

3. 复制功能与剪切类似，只是不清空所选的文本，请自行填写"复制"按钮的 Click 事件过程。

```
Private Sub cmdCopy_Click()
    _____            ' 将文本框中选中的文本保存在变量s中
    _____            ' "剪切"按钮不可用
    _____            ' "复制"按钮不可用
End Sub
```

4. 粘贴过程就是用剪贴板（变量 s）中的内容取代文本框当前选中的内容，并且使"剪切"和"复制"按钮变为可用。单击"粘贴"按钮的事件过程代码如下。

```
Private Sub cmdPaste_Click()
    Text1.SelText = s           ' 用变量s中的内容取代文本框当前选中的内容
    cmdCut.Enabled = True       ' "剪切"按钮变为可用
    cmdCopy.Enabled = True      ' "复制"按钮变为可用
End Sub
```

5. 删除功能就是将当前选中的文本清空。请自行填写单击"删除"按钮的过程代码。

```
Private Sub cmdDelete_Click()
    _____
End Sub
```

6. 单击"下划线"按钮是给文本添加或取消下划线，将 Text1 的 FontUnderLine 属性设置为 True 时，文本添加下划线，而将 FontUnderLine 属性设置为 False 时，文本取消下划线。可以使用逻辑运算符 Not 在 True 和 False 两种状态之间切换（有关逻辑运算符的内容参看课本 3.6.4），单击"下划线"按钮事件过程代码如下。

```
Private Sub cmdUnderln_Click()
    Text1.FontUnderline = Not Text1.FontUnderline
End Sub
```

7. 请模仿 cmdUnderln（下划线）按钮的 Click 事件，自行编写 cmdStrikethru（删除线）、cmdBold（粗体）、和 cmdItalic（斜体）按钮的 Click 事件。

```
Private Sub cmdStrikethru_Click()
    _____
End Sub

Private Sub cmdBold _Click()
    _____
End Sub

Private Sub cmdItalic_Click()
    _____
End Sub
```

8. 单击"左对齐"按钮，使文本左对齐。将 Text1 的 Alignment 属性值设置为 0 即可使文本左对齐。代码如下。

```
Private Sub cmdLeft_Click()
    Text1.Alignment = 0        '使文本左对齐
End Sub
```

9. 请模仿 cmdLeft（左对齐）按钮的 Click 事件，自行编写 cmdCenter（居中）、cmdRight（右对齐）的 Click 事件。

```
Private Sub cmdCenter_Click()
    _____    '使文本居中对齐
End Sub

Private Sub cmdRight _Click()
    _____    '使文本右对齐
End Sub
```

10. 单击"放大"按钮实现对文本框文字的放大，每次单击"放大"按钮时将文本框的文字增加 10 磅。代码如下。

```
Private Sub cmdEnlarge_Click()
    Text1.FontSize = Text1.FontSize + 10
End Sub
```

11. 请模仿 cmdEnlarge（放大）按钮的 Click 事件，自行编写 cmdShrink（缩小）的 Click 事件，使每次单击"缩小"按钮时将文本框的文字减小 10 磅。

```
Private Sub cmdShrink_Click()
    _____
End Sub
```

【运行结果】

运行结果如图 2-11 所示。

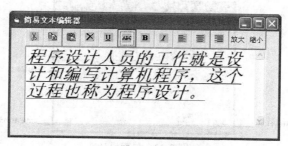

图 2-11　运行结果

✎ **笔记：**（请记录注意事项、纠错过程、经典代码等内容）

实验二　移动浮雕效果文字

【实验内容】

创建一个窗体，窗体启动时加载一张背景图片，并在窗体上显示"妈妈您辛苦了"一行浮雕效果文字。再添加两个命令按钮（左箭头和右箭头），效果如图 2-12 所示。当单击"左箭头"按钮时，浮雕文字向左移动；当单击"右箭头"按钮时，浮雕文字向右移动。

【实验指导】

1. 将窗体的 Caption 属性设置为"移动浮雕效果文字"。

2. 在窗体上添加一个标签控件 Label1，将其 BackStyle 属性设置为 0（Transparent）使标签透明，Font 属性设置为楷体_GB2312、小二号、粗体，Caption 属性设置为"妈妈您辛苦了"，ForeColor 属性设置为黑色。

图 2-12　运行效果

3. 选择 Label1，利用复制、粘贴的方法形成另一个标签控件 Label2，并将 Label2 的 ForeColor 属性设置为黄色。

4. 浮雕效果实际上是利用两个标签，使其 Caption 中显示的文字利用黑色和黄色的错位叠加来实现的效果。只要使两个标签的 Left、Top 属性值有一点点的差距即可。

5. 在窗体上再添加两个命令按钮，它们的名称属性分别设置为 cmdMoveLeft 和 cmdMoveRight，并将它们的 Caption 属性清空，Style 属性设置为 1（Graphical），利用 Picture 属性在命令按钮的表面分别显示"左箭头"和"右箭头"图片。

【界面设计】

界面设计如图 2-13 所示。

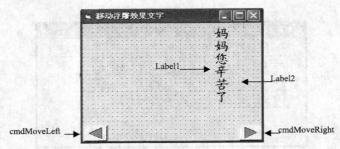

图 2-13　界面设计

【代码设计】

1. 启动窗体时，利用 LoadPicture 函数加载一张背景图片，设置标签 Label1 和 Label2 的 Left 和 Top 属性值稍微有些差距，从而产生浮雕效果。

```
Private Sub Form_Load()
    Form1.Picture = LoadPicture(App.Path & "\flower.jpg")
    Label1.Left = 3240
    Label2.Left = 3210
    Label1.Top = 120
    Label2.Top = 90
End Sub
```

2. 每次单击"左箭头"按钮时，利用标签控件的 Move 方法实现浮雕文字向左移动 50 缇，事件过程如下。

```
Private Sub cmdMoveLeft_Click()
    Label1.Move Label1.Left-50
    Label2.Move Label2.Left - 50
End Sub
```

3. 每次单击"右箭头"按钮时，利用标签控件的 Move 方法实现浮雕文字向右移动 50 缇，自行填写如下事件过程。

```
Private Sub cmdMoveRight_Click()
    _____
    _____
End Sub
```

> 小贴士
> ➢ 利用复制、粘贴的方法形成另一个控件时，在粘贴时会出现一个对话框提示"已经有一个控件为 Label1，创建控件数组吗？"请回答"否"。控件数组的相关内容将在第 5 章"数组"中讲解。
> ➢ 利用 LoadPicture()函数加载图片时，如果将图片放在本工程的文件夹中，图片文件的路径可以改为"App.path"。

✎笔记：（请记录注意事项、纠错过程、经典代码等内容）

第 3 章
Visual Basic 语言基础

【实验目的】
1. 进一步掌握设计和运行一个 VB 应用程序的方法和步骤。
2. 分清 VB 语言的符号、标识符、保留字的区别。
3. 掌握 VB 语言的各种数据类型。
4. 掌握变量的概念，会定义变量以及对它们进行赋值。
5. 掌握 VB 中运算符和表达式的使用方法。
6. 掌握 VB 中常用内部函数的功能及用法。

3.1 基础型实验

实验一 算术、关系和逻辑运算符的使用

【实验内容】
自行分析下列表达式并填写结果，然后在立即窗口中验证结果，将运行的结果与自己分析的结果进行比较，找出错误并改正。

算数运算表达式：

```
1.  86 \ 4                     '结果为_____
2.  86 \ 3.5                   '结果为_____
3.  86 \ 4.5                   '结果为_____
4.  30 Mod -7                  '结果为_____
5.  123 + "67"                 '结果为_____
6.  123 & "67"                 '结果为_____
7.  123 & "ok"                 '结果为_____
8.  True + 56.3                '结果为_____
9.  True & 56.3                '结果为_____
10. 3 * "3.45" * 3             '结果为_____
```

关系运算表达式：

```
1. -3 < False                  '结果为_____
2. "ABC" = "abc"               '结果为_____
3. 123 <> "abc"                '结果为_____
```

4. 90 > 70 > 66   '结果为_____
5. 16 / 2 \ 3 > 10 Mod 4   '结果为_____

逻辑运算表达式：

1. Not 50 = 60   '结果为_____
2. 33 < 55 Or 12 = 23 And 3 < 6   '结果为_____
3. Not (20 < 34 Or 15 > -45)   '结果为_____
4. True Or Not (89 + 55 >= 13)   '结果为_____
5. 30 > 59 = 24 > 54   '结果为_____

> 在进行表达式运算时，操作数的类型不一致，系统运行时会产生"类型不匹配"的实时错误。
>
> ➤ 对于算术表达式运算，一个数值型数据与一个非数字字符型数据进行"+"（加法）运算时，会产生"类型不匹配"的实时错误。
>
> ➤ 对于关系表达式运算，当数值型数据与无法转换为数值型的数据比较时，会产生"类型不匹配"的实时错误。

✎ 笔记：（请记录注意事项、纠错过程、经典代码等内容）

实验二　常用内部函数的使用

【实验内容】

创建一个窗体，添加 6 个命令按钮 Command1～ Command6，它们的 Caption 属性依次是"算术函数""字符串函数""转换函数""日期函数""Format 函数"和"清空窗体"。单击某个命令按钮执行相关的操作，从而进行相应函数练习。

【界面设计】

界面设计如图 3-1 所示。

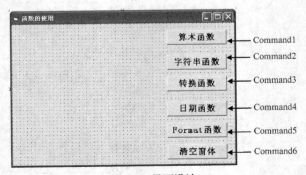

图 3-1　界面设计

【代码设计】

单击"算术函数"按钮事件过程：

```
Private Sub Command1_Click()
    Print Sqr(49)                           '结果为_____
    Print CInt(24.9)                        '结果为_____
    Print CInt(-53.4)                       '结果为_____
    Print Round(66.9)                       '结果为_____
    Print Round(-48.9)                      '结果为_____
    Print Int(15.9)                         '结果为_____
    Print Int(-33.9)                        '结果为_____
    Print Fix(90.9)                         '结果为_____
    Print Fix(-12.9)                        '结果为_____
End Sub
```

单击"字符串函数"按钮事件过程：

```
Private Sub Command2_Click()
    Dim a As String, b As String
    a = "Hello everyone !"
    b = "everyone"
    Print Len(a) + Len(b)                                   '结果为_____
    Print Left(a, 5) + Right(b, 3) & Mid(a, 2, 2)           '结果为_____
    Print LCase("ABCD") & UCase("Efg")                      '结果为_____
    Print InStr(a, b) & InStr(a, Trim(b))                   '结果为_____
    Print StrReverse(b)                                     '结果为_____
    Print String(3, "m") & String(2, "xy")                  '结果为_____
End Sub
```

单击"转换函数"按钮事件过程：

```
Private Sub Command3_Click()
    Print Asc("H")                          '结果为_____
    Print Asc("xyz")                        '结果为_____
    Print Chr(85)                           '结果为_____
    Print Str(-35)                          '结果为_____
    Print Val("78sh")                       '结果为_____
    Print Oct(200)                          '结果为_____
    Print CInt(67.59)                       '结果为_____
    Print CSng(43.637928)                   '结果为_____
    Print CCur(55.93718)                    '结果为_____
    Print CDate("2015-10-5")                '结果为_____
End Sub
```

单击"日期函数"按钮事件过程：

```
Private Sub Command4_Click()
    Print Date                              '结果为_____
    Print Now                               '结果为_____
```

```
        Print Day(Now)                        '结果为_____
        Print Month(Now)                      '结果为_____
        Print Year(Now)                       '结果为_____
        Print Weekday(Now)                    '结果为_____
End Sub
```

单击"Format 函数"按钮事件过程：
```
Private Sub Command5_Click()
    Dim n As Single
    n = Sqr(7)
    Print n                                   '结果为_____
    Print Format(n, "000.00")                 '结果为_____
    Print Format(n, "###.##")                 '结果为_____
    Print Format(n, "###.#0")                 '结果为_____
    Print Format(n, "00.00E+00")              '结果为_____
    Print Format(n, "0000%")                  '结果为_____
End Sub
```

单击"清空窗体"按钮事件过程：
```
Private Sub Command6_Click()
    Cls
End Sub
```

【运行程序】

运行程序前，先自行分析程序运行的结果，并填写结果，然后运行程序，将运行的结果与自己分析的结果进行比较，找出错误并改正。

小贴士
- VB 提供了许多常用内部函数（又叫标准函数）。当标准函数名书写错误时，系统会显示"子程序或函数未定义"的编译错误。
- 当函数的参数类型不符时，系统会显示"类型不匹配"的实时错误。

✎笔记：（请记录注意事项、纠错过程、经典代码等内容）

实验三　统计选票

【实验内容】

设计一个程序进行选票统计，共有三位候选人(名字自拟)。如果同意某人，就单击一下代表某人的按钮,在其对应的文本框中显示已得的票数。

【实验指导】

1. 在窗体上添加三个命令按钮,其名称属性分别为 cmdZhang、cmdWang、cmdLi,其 Caption 属性分别为"张晓""汪洋""李明"。
2. 在窗体上添加三个标签 Label1~Label3,其 Caption 属性均为"得票数为"。
3. 在窗体上添加三个文本框 Text1、Text2 和 Text3。
4. 三个人的得票数分别显示在对应的文本框中。要统计每人的得票数,必须要求每次单击命令按钮,得票数自动加 1,有三种方式可以完成这一功能。方法一是在通用声明处定义一个模块级变量 n;方法二是在过程里定义一个静态变量 n;方法三是不使用变量。

【界面设计】

界面设计如图 3-2 所示。

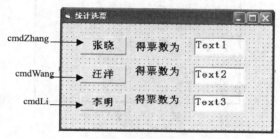

图 3-2　界面设计

【代码设计】

```
Dim n as integer        ' 定义一个模块级变量 n
```

1. 启动程序后清空三个文本框。

```
Private Sub Form_Load()
    Text1.Text = ""
    Text2.Text = ""
    Text3.Text = ""
End Sub
```

2. 单击"张晓"按钮的事件过程采用方法一。

在通用声明处定义变量 n 为模块级变量,每次单击"张晓"按钮,n 的值不会消失,而是自动增加 1,代码如下。

```
Private Sub cmdZhang_Click()
    n = n+ 1            '单击一次"张晓"按钮,n 的值增加 1
    Text1.Text = n      ' 将 n 的值显示在 Text1 中
End Sub
```

3. 单击"汪洋"按钮的事件过程采用方法二。

在该过程中用 Static 语句声明变量 n 为静态变量,因为静态变量在过程运行结束后,系统不收回其存储单元,从而保留它们的值。

```
Private Sub cmdWang_Click()
    Static n As Integer    ' 定义变量 n 为静态变量,每次运行,n 的值被保留
    n = n + 1              '单击一次"汪洋"按钮,n 的值增加 1
```

```
        Text2.Text = n              '将 n 的值显示在 Text2 中
End Sub
```

4. 单击"李明"按钮的事件过程采用方法三。

不使用任何变量，单击一次"汪洋"按钮，直接用 Val 函数将 Text3 中的数值字符串转换为数值再加 1 赋给 Text3，起到累加的作用。

```
Private Sub cmdLi_Click()
    Text3.Text = Val(Text3.Text) + 1
End Sub
```

【运行结果】

运行结果如图 3-3 所示。

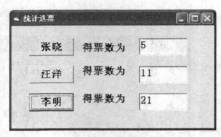

图 3-3　运行结果

> 思考：如果将"汪洋"按钮的事件过程中的变量 n 用 Dim 在过程中定义，运行后多次单击该命令按钮，其文本框中的数值是否发生变化？请试一下，从而了解 Dim 与 Static 的不同之处。

✎笔记：（请记录注意事项、纠错过程、经典代码等内容）

实验四　计算离毕业还有多长时间

【实验内容】

设计一个程序能计算出离毕业还有多少天和多少小时。要求：能在界面上显示当前时间，当输入毕业的时间后，能计算出离毕业还有多少天和多少小时，并显示在标签内。

【界面设计】

界面设计如图 3-4 所示。

【实验指导】

1. 使用标签设计界面上所有的文字提示，使用文本框显示现在的时间和毕业的时间。

第3章 Visual Basic 语言基础

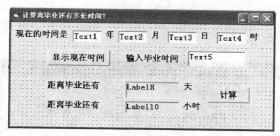

图 3-4 界面设计

2. 一个命令按钮的名称属性是 cmdShow，Caption 属性为"显示现在时间"，另一个命令按钮的名称属性为 cmdCal，Caption 属性为"计算"。

3. 使用标签 label8 显示距离毕业的天数，使用标签 label10 显示距离毕业的小时数。将 Label8 和 Label10 的 BorderStyle 属性设置为 1。

4. 使用系统内部函数 Now 获取现在的日期和时间；使用 Year、Month、Day、Hour 函数获取现在的年、月、日、小时数。

5. 使用 DateDiff 函数计算天数和小时数。DateDiff 函数用于返回两个指定 Date 类型的数据之间的时间间隔。其格式为 DateDiff（interval, Date1, Date2），其中，参数 interval 是一个 String 类型的参数，用来指定要获取的时间间隔的类型，指定"d"表示天数，指定"h"表示小时数。

【代码设计】
```
Option Explicit
Dim dateGraduate As Date    '声明一个日期型变量dateGraduate存放毕业时间
```
1. 启动程序清空所有的文本框以及 Label8 和 Label10。
```
Private Sub Form_Load()
    Text1.Text = ""
    Text2.Text = ""
    Text3.Text = ""
    Text4.Text = ""
    Text5.Text = ""
    Label8.Caption = ""
    Label10.Caption = ""
End Sub
```

2. 单击"显示现在时间"按钮，使用系统内部函数 Now 获取现在的日期和时间；使用 Year、Month、Day、Hour 函数获取现在的年、月、日、小时数并显示在 Text1～Text4 中。
```
Private Sub cmdShow_Click()
    Text1.Text = Year(Now)
    Text2.Text = Month(Now)
    Text3.Text = Day(Now)
    Text4.Text = Hour(Now)
End Sub
```

3. 在文本框 Text5 中输入毕业的时间，单击"计算"按钮，使用 DateDiff 函数计算天数和小时数。显示在 Label8 和 Label10 中。
```
Private Sub cmdCal_Click()
    dateGraduate = Text5.Text
    Label8.Caption = DateDiff("d", Now, dateGraduate)
    Label10.Caption = DateDiff("h", Now, dateGraduate)
End Sub
```

【运行结果】

运行结果如图 3-5 所示。

图 3-5　运行结果

> ➢ 输入代码时要注意区分 L 的小写字母 "l" 和数字 "1"、O 的小写字母 "o" 和
> 数字 "0"，尽量避免将它们作为变量名使用。
> ➢ 输入代码时要注意标签控件的英文拼写为 "Label"，不要写成 "Lable"。

小贴士

✏ 笔记：（请记录注意事项、纠错过程、经典代码等内容）

实验五　字符串查找与替换

【实验内容】

设计程序，在一个给定的原始字符串中查找某个指定的子字符串，并用另一个字符串替换查找到的子字符串，然后再将新字符串显示出来。

【界面设计】

界面设计如图 3-6 所示。

图 3-6　界面设计

【实验指导】
1. 在窗体上添加四个标签 Label1～Label4，用于显示文字提示信息。
2. 在窗体上添加三个文本框，名称默认，程序运行后在 Text1 中输入原字符串。在 Text2 中输入要查找的字符串，在 Text3 中输入替换的字符串。
3. 将 Label5 的 BorderStyle 属性设置为 1，用于显示替换后的新字符串。
4. 在窗体上添加三个命令按钮，名称属性默认，Caption 属性分别是 "查找替换""调函数替换""清空"。
5. 要完成查找和替换功能有两种方法。

方法一：首先调用 InStr（[start], string1,string2）函数求出要查找的子字符串的位置，然后调用 Len（string）函数求出所查找的子字符串的长度，再分别调用 Left(s , n)和 Mid（s, n, [m]）函数从原始字符串中截取所查找的子字符串两边的字符串，最后将这两边的字符串与替换字符串连接即可。

方法二：直接调用 Replace 函数。该函数的格式为 Replace (s1, s2, s3)，其中的 s1 是字符串表达式包含被替换的子字符串；s2 是要查找的子字符串；s3 是用于替换的子字符串。

【代码设计】

```
Option Explicit
Dim origS As String      ' 定义字符串变量 origS 存放原字符串
Dim findS As String      ' 定义字符串变量 findS 存放要查找的子字符串
Dim replS As String      ' 定义字符串变量 replS 存放替换的子字符串
Dim location As Integer  ' 定义整型变量 location 存放所查找的子字符串的位置
Dim lenfindS As Integer  ' 定义整型变量 lenfindS 存放所查找的子字符串的长度
```

1. 程序启动，清空文本框和 Label5，将光标移至 Text1 中。

```
Private Sub Form_Load()
    Form1.Show        ' 调用窗体的 Show 方法
    Text1.Text = ""
    Text2.Text = ""
    Text3.Text = ""
    Label5.Caption = ""
    Text1.SetFocus    ' 将光标移至 Text1 中
End Sub
```

2. 单击"查找替换"按钮事件过程，采用方法一实现替换。

```
Private Sub Command1_Click()
    ' 声明两个字符串变量存放从原始字符串中截取的所查找的子字符串两边的字符串
    Dim leftS As String, rightS As String
    ' 读取文本框 Text1 中的原始字符串到变量 origS
    origS = Text1.Text
    ' 读取文本框 Text2 中所查找的子字符串到变量 findS
    findS = Text2.Text
    ' 读取文本框 Text3 中用于替换的子字符串到变量 replS
    replS = Text3.Text
    ' 使用 InStr 函数查找子字符串 findS 在原始字符串 origS 中出现的起始位置，保存到变量 location
```

中，使用 Ucase 函数将查找和被查找的字符串全部转换成大写，以实现不区分大小写的查找。

```
        location = InStr(1, UCase(origS), UCase(findS))
        '调用 Len 函数求出所查找的子字符串 findS 的长度
        lenfindS = Len(findS)
        '调用 Left 函数从原始字符串中截取所查找的子字符串左边的子字符串
        leftS = Left(origS, location - 1)
        '调用 Mid 函数从原始字符串中截取所查找的子字符串右边的子字符串
        rightS = Mid(origS, location + lenfindS)
        '将这两边的字符串与用于替换的子字符串连接
        Label5.Caption = leftS & replS & rightS
End Sub
```

3. 单击"调函数替换"按钮，采用方法二实现替换，请自行填写。
```
Private Sub Command2_Click()
    _____    '读取文本框 Text1 中的原始字符串到变量 origS
    _____    '读取文本框 Text2 中所查找的子字符串到变量 findS
    _____    '读取文本框 Text3 中用于替换的子字符串到变量 replS
    _____    '调用 Replace 函数完成替换，将结果显示在 Label5 中
End Sub
```

4. 单击"清空"按钮，清空文本框和 Label5，将光标移至 Text1 中，请自行填写。
```
Private Sub Command3_Click()
    _____
    _____
    _____
    _____
    _____
End Sub
```

【运行结果】

运行结果如图 3-7 所示。

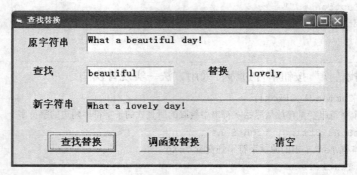

图 3-7　运行结果

> 在模块中使用 Option Explicit 语句，所有未经显示声明的变量，或是某个变量拼写错误，系统将自动检测并提示"变量未定义"错误。

小贴士
> 在窗体的 Load 事件中，如果要调用方法，必须先调用 Show 方法来显示窗体。

✎ 笔记：（请记录注意事项、纠错过程、经典代码等内容）

3.2 提高型实验

实验一　五彩闪烁文字

【实验内容】

设计一个程序，在文本框的正中央显示"青岛科技大学"一行楷书，字号为20，并且有五彩闪烁的效果。

【界面设计】

界面设计如图3-8所示。

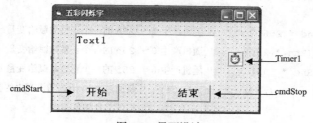

图3-8　界面设计

【实验指导】

1. 将窗体的Caption属性设置为"五彩闪烁字"。

2. 在窗体上添加一个文本框Text1，将其MultiLine属性设置为True，使该文本框可以接受多行输入。

3. 在窗体上添加两个命令按钮，将它们的名称属性分别设置为cmdStart、cmdStop，Caption属性分别设置为"开始""结束"。

4. 要实现文字的闪烁效果，需要用到一个定时器控件Timer，该控件用于设置时间间隔（即Interval属性），当程序运行时，每经过所设定的时间间隔后，就会触发一个Timer事件，从而实现有规律地完成某种规定的操作。

5. 在窗体上添加一个Timer1，设置它的Interval属性为100毫秒，即每隔100毫秒发生一次Timer事件。在Timer事件中通过随机产生RGB（Red，Green，Blue）函数的三个参数值，可以得到一种随机颜色，将该随机颜色作为文本框的前景色，从而实现文字的五彩闪烁效果。

【代码设计】
```
Option Explicit
Dim red%, green%, blue%    ' 定义三个整型变量 red、green、blue 存放 RBG 函数的参数
```

1. 加载窗体事件过程。
```
Private Sub Form_Load()
    Text1.FontName = "楷体_GB2312"          ' 设置文本框显示的字体为"楷体_GB2312"
    Text1.FontSize = 20                     ' 设置文本框显示的字号为 20
    Text1.Alignment = 2                     ' 设置文本框显示的文本水平居中
    Text1.Text = vbCrLf & "青岛科技大学"     ' 在文本框的第二行显示"青岛科技大学"
    Timer1.Interval = 100                   ' 设置 Timer 的时间间隔为 100 毫秒
    Timer1.Enabled = False                  ' 窗体加载后 Timer 不工作
End Sub
```

2. 单击"开始"事件过程。
```
Private Sub cmdStart_Click()
    Timer1.Enabled = True    ' Timer1 开始工作
End Sub
```

3. 定时器每隔 100 毫秒执行一次 Timer 事件。
```
Private Sub Timer1_Timer()
    Randomize                      ' 产生随机种子
    red = Int(Rnd * 256)           ' 随机产生 0~255 的一个正整数赋给变量 red
    green = Int(Rnd * 256)         ' 随机产生 0~255 的一个正整数赋给变量 green
    blue = Int(Rnd * 256)          ' 随机产生 0~255 的一个正整数赋给变量 blue
Text1.ForeColor = RGB(red, green, blue)    ' 将通过 RGB 函数随机产生的颜色作为文本
                                             框的前景颜色
End Sub
```

4. 单击"结束"事件过程。
```
Private Sub cmdStop_Click()
    Timer1.Enabled = False    ' Timer1 停止工作
End Sub
```

【运行结果】
运行结果如图 3-9 所示。

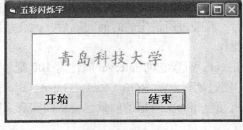

图 3-9　运行结果

✎ 笔记：（请记录注意事项、纠错过程、经典代码等内容）

实验二 图片的缩放

【实验内容】

编写一个程序，实现对图片的加载、卸载、随机地放大 2～4 倍或缩小以及还原操作。

【界面设计】

界面设计如图 3-10 所示。

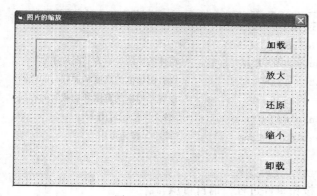

图 3-10 界面设计

【实验指导】

1. 将窗体的 Caption 属性设置为"图片的缩放"。

2. 在窗体上添加一个图像框 Image1，将其 BorderStyle 属性设置为 1，Stretch 属性设置为 True 以使图片可以随着图像框尺寸的改变而改变。

3. 添加 5 个命令按钮，将它们的名称属性分别设置为 cmdLoad、cmdEnlarge、cmdRestore、cmdShrink、cmdUnload。将它们的 Caption 属性分别设置为"加载""放大""还原""缩小"和"卸载"。

4. 随机缩放的倍数通过随机函数 Rnd 产生，范围为 2～4，表达式为 Int(Rnd*3+2)，为了使每次运行时产生不同的倍数，调用函数 Rnd 之前，应执行 Randomize 语句。

5. 在进行缩放操作时，为了防止图片过大或过小，不应连续进行放大或缩小操作。即执行放大操作后，"放大"按钮应呈暗淡色（不可操作）。同样执行缩小操作后，"缩小"按钮应呈暗淡色（不可操作），而"放大"按钮有效。

【代码设计】

1. 单击"加载"按钮事件过程。

```
Private Sub cmdLoad_Click()
    Image1. BorderStyle =1
    Image1. Stretch= True                       ' 图片可以随着图像框尺寸的改变而改变
    Image1.Picture = LoadPicture(App.Path & "\2.jpg")   ' 调用 LoadPicture 函数加载图片
End Sub
```

2. 单击"放大"按钮事件过程。

```
Private Sub cmdEnlarge_Click()
    Dim n As Integer                    ' 定义一个整型变量 n 存放产生的随机数
    Randomize                           ' 产生随机种子
    n = Int(Rnd * 3 + 2)                ' 产生一个 2 ～ 4 的随机正整数
    Form1.Caption = "图片放大" & n & "倍"  ' 窗体的标题显示放大的倍数
    Image1.Height = (Image1.Height) * n ' 图像框的高度放大 n 倍
    Image1.Width = (Image1.Width) * n   ' 图像框的宽度放大 n 倍
    cmdEnlarge.Enabled = False          ' "放大"按钮不可用
    cmdShrink.Enabled = True            ' "缩小"按钮可用
End Sub
```

3. 单击"还原"按钮事件过程。

```
Private Sub cmdRestore_Click()
    Form1.Caption = "图片还原"          ' 窗体的标题显示为"图片还原"
    Image1.Height = 1215                ' 设置图像框的高度和加载时的相同
    Image1.Width = 1575                 ' 设置图像框的宽度和加载时的相同
    cmdEnlarge.Enabled = True           ' "放大"按钮可用
    cmdShrink.Enabled = True            ' "缩小"按钮可用
End Sub
```

4. 单击"缩小"按钮事件过程，请自行填写。

```
Private Sub cmdShrink_Click()
    _____              ' 定义一个整型变量 n 存放产生的随机数
    _____              ' 产生随机种子
    _____              ' 产生一个 2 ～ 4 的随机正整数
    _____              ' 窗体的标题显示缩小的程度
    _____              ' 图像框的高度缩小到 n 分之一
    _____              ' 图像框的宽度缩小到 n 分之一
    _____              ' "缩小"按钮不可用
    _____              ' "放大"按钮可用
End Sub
```

5. 单击"卸载"按钮事件过程，请自行填写。

```
Private Sub cmdUnload_Click()
    _____
End Sub
```

【运行结果】

运行结果如图 3-11 所示。

图 3-11 运行结果

✎笔记：（请记录注意事项、纠错过程、经典代码等内容）

第4章 程序控制结构

【实验目的】
1. 练习使用数据输入、输出的常用方法。
2. 掌握选择结构程序设计方法。
3. 掌握 For 语句和 Do…Loop 语句及循环结构程序设计方法。
4. 掌握循环的规则及其执行过程，能利用一些常用算法解决问题。

4.1 基础型实验

实验一 信息验证

【实验内容】
设计一个小程序，验证用户输入的密码是否正确，若正确则弹出"欢迎使用本系统！"的消息框；否则弹出"密码错误，请重新输入！"的错误提示，并将焦点定位在密码输入框内且选中文本框中的内容，便于用户重新输入密码。

【实验指导】
根据一个条件的判断结果决定做不同的事情，可采用双分支的行 If 语句或块 If 语句。由于该问题的第二个分支要处理的问题较多，需要由多条语句完成，为了使程序结构清晰、易读，建议使用块结构的双分支 If 语句。程序流程图如图 4-1 所示。

【界面设计】
界面设计如图 4-2 所示。
Text1 用来输入学号，Text2 用来输入密码，其中 Text2 的 PasswordChar 属性设置为 "*"，具体控件及属性设置见表 4-1。
上述属性除名称(Name)外，其他属性也可以通过代码来设置，参见【代码设计】中 Form_Load()事件代码。

【代码设计】
```
Private Sub Command1_Click()
    Dim key As String
    key = Trim(Text2.Text)
    If key = "123456" Then
        MsgBox "欢迎使用本系统！", vbOKOnly, "欢迎"
```

```
        Else
            MsgBox "密码错误，请重新输入", vbOKOnly, "提示"
            ' 将焦点定位在密码输入框内且选中文本框中的内容
            Text2.SetFocus
            Text2.SelStart = 0
            Text2.SelLength = Len(Text2.Text)
        End If
End Sub

Private Sub Form_Load()
    Form1.Caption = "信息验证"
    Label1.Caption = " 学号"
    Label2.Caption = "密码"
    Text1.Text = ""
    Text2.PasswordChar = "*"
    Text2.Text = ""
End Sub
```

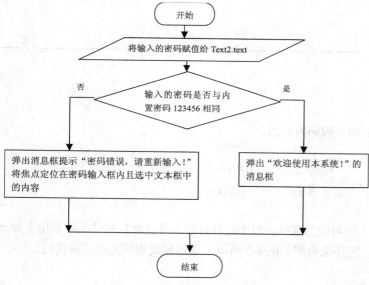

图 4-1　程序流程图

图 4-2　界面设计

表 4-1　　　　　　　　　　　　　Form1 及各控件属性设置

对象	属性名	设置属性值
窗体 Form	名称（Name）	Form1
	Caption	信息验证
标签 Label	名称（Name）	Label1
	Caption	学号
标签 Label	名称（Name）	Label2
	Caption	密码
文本框 Text	名称（Name）	Text1
	Text	空

续表

对象	属性名	设置属性值
文本框 Text	名称（Name）	Text2
	PasswordChar	*
	Text	空
命令按钮 Command	名称（Name）	Command1
	Caption	验证

思考 若用户连续 3 次输错密码，将弹出消息框"密码输错 3 次，程序将退出！"，然后退出程序，该如何修改上述代码？

笔记：（请记录注意事项、纠错过程、经典代码等内容）

实验二　分段函数

【实验内容】

用 If…ElseIf…EndIf 语句求下面分段函数的值。

$$Y = \begin{cases} |x| & (x<0) \\ 2x+1 & (0 \leq x \leq 10) \\ x+10 & (x>10) \end{cases}$$

【实验指导】

该分段函数将根据 x 的值有 3 种可能的选择，对于这种存在多分支处理的情况可采用多分支的 If…ElseIf…EndIf 语句来实现。程序流程图如图 4-3 所示，请根据流程图完成实验代码。

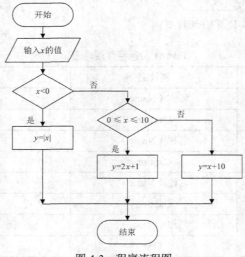

图 4-3　程序流程图

【界面设计】

界面设计如图 4-4 所示。

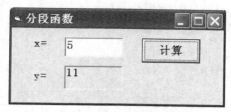

图 4-4　界面设计

文本框 Text1 用来输入 x 的值，标签 Label3 用来输出 y 的值，Label3 的 BorderStyle 属性设置为 1，命令按钮 Command1 的 Caption 属性设置为 "计算"，具体控件及属性设置见表 4-2。

表 4-2　　　　　　　　　　　　Form1 及各控件属性设置

对象	属性名	设置属性值
窗体 Form	名称（Name）	Form1
	Caption	分段函数
标签 Label	名称（Name）	Label1
	Caption	x=
标签 Label	名称（Name）	Label2
	Caption	y=
标签 Label	名称（Name）	Label3
	Caption	空
	BorderStyle	1
文本框 Text	名称（Name）	Text1
	Text	空
命令按钮 Command	名称（Name）	Command1
	Caption	计算

上述属性除名称（Name）外，其他属性也可以通过代码来设置，参见【代码设计】中的 Form_Load()事件代码。

【代码设计】

```
Private Sub Command1_Click()
    Dim x As Single, y As Single
    x = Val(Text1.Text)
    If x < 0 Then
        y = _____
    _____ Then
        y = 2 * x + 1
    Else
        y = x + 10
    End If
    Label3.Caption = y
End Sub
```

```
Private Sub Form_Load()
    Form1.Caption = "分段函数"
    Label1.Caption = "x="
    Label2.Caption = "y="
    Label3.Caption = ""
    Label3.BorderStyle = 1
    Text1.Text = ""
    Command1.Caption = "计算"
End Sub
```

> **笔记：**（请记录注意事项、纠错过程、经典代码等内容）

实验三　字符种类判断

【实验内容】

字符可分为数字、大写字母、小写字母和其他字符。设计一个小程序，能判断输入的字符属于哪类字符。请根据实验指导与提示完成实验代码。

【实验指导】

通过 ASCII 表可知 ASCII 值为 48～57 的字符为数字，65～90 的字符为大写字符，97～122 的字符为小写字符。对于用户输入的字符可能需要经过多个条件的依次判断才能最后得出结果，这种问题可采用多分支的 If…ElseIf…EndIf 语句来实现。

【界面设计】

界面设计如图 4-5 所示。

文本框 Text1 用来输入字符，标签 Label3 用来输出判断结果，Label3 的 BorderStyle 属性设置为 1，具体控件及属性设置见表 4-3。

图 4-5　界面设计

表 4-3　　　　　　　　　　Form1 及各控件属性设置

对象	属性名	设置属性值
窗体 Form	名称（Name）	Form1
	Caption	字符种类的判断
标签 Label	名称（Name）	Label1
	Caption	请输入一个字符
标签 Label	名称（Name）	Label2
	Caption	字符的种类

续表

对象	属性名	设置属性值
标签 Label	名称（Name）	Label3
	Caption	空
	BorderStyle	1
文本框 Text	名称（Name）	Text1
	Text	空
命令按钮 Command	名称（Name）	Command1
	Caption	判断

上述属性除名称(Name)外，其他属性也可以通过代码来设置，参见【代码设计】中的 Form_Load()事件代码。

【代码设计】

```
Private Sub Command1_Click()
    Dim k As Integer, s As String
    k = _____         ' 将 Text1 中字符的 ASCII 值赋值给变量 k
    If  k >= 48 And k <= 57 Then       ' 数字字符的判断条件
        s = "数字"
    ElseIf _____ Then      ' 大写字母的判断条件
        s = "大写字母"
    ElseIf _____Then       ' 小写字母的判断条件
        s = "小写字母"
    Else
        s = "其他字符"
    End If
    Label3.Caption = s
End Sub

Private Sub Form_Load()
    Form1.Caption = "字符种类的判断"
    Label1.Caption = "请输入一个字符"
    Label2.Caption = "字符的种类"
    Label3.Caption = ""
    Label3.BorderStyle = 1
    Text1.Text = ""
    Command1.Caption = "判断"
End Sub
```

✎笔记：（请记录注意事项、纠错过程、经典代码等内容）

实验四 用 Select Case 语句实现字符种类判断

【实验内容】

同实验三。

【实验指导】

Select Case 语句在处理多种条件的判断时比 If…ElseIf…EndIf 语句更方便、更清晰，更不易出错。程序流程图如图 4-6 所示，请根据流程图完成代码。

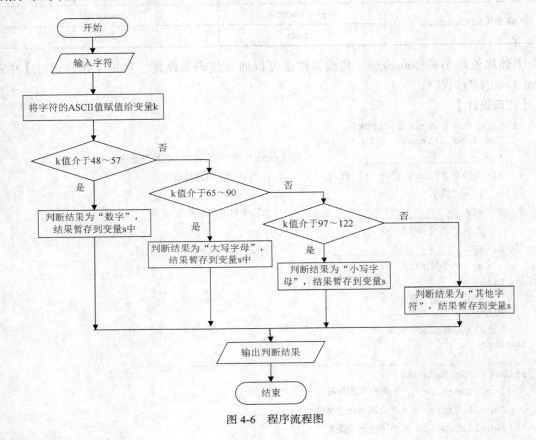

图 4-6　程序流程图

【界面设计】

界面设计同实验三。

【代码设计】

```
Private Sub Command1_Click()
    Dim k As Integer, s As String
    k = Asc(Text1.Text)
    Select Case _____
        Case _____
            s = "数字"
        Case _____
            s = "大写字母"
        Case _____
            s = "小写字母"
```

```
            Case Else
                s = "其他字符"
        End Select
        Label3.Caption = s
End Sub
_____
Private Sub Form_Load()
    Form1.Caption = "字符种类的判断"
    Label1.Caption = "请输入一个字符"
    Label2.Caption = "字符的种类"
    Label3.Caption = ""
    Label3.BorderStyle = 1
    Text1.Text = ""
    Command1.Caption = "判断"
End Sub
```

> 笔记：（请记录注意事项、纠错过程、经典代码等内容）

实验五　随机点名

【实验内容】

假设有 4 个班级一起上课，每班有 30 个学生。请为老师设计一个小程序实现随机点名，即随机产生 1～4 的随机整数代表"一班"到"四班"，然后随机产生 1～30 的随机整数代表学号，例如被点名学生为"二班的 15 号"。请根据实验提示完成实验代码。

【实验指导】

随机产生 1～4 的随机整数代表"一班"到"四班"，然后随机产生 1～30 的随机整数代表学号，例如被点名学生为"二班的 15 号"。若欲把班级代码 1～4 转化成"一班"到"四班"，可采用 Select Case 语句来实现。

【界面设计】

界面设计如图 4-7 所示。

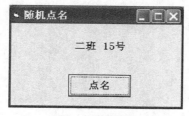

图 4-7　界面设计

窗体 Form1 上放置控件 Label1 用来显示被点名学生的班级和学号，放置命令按钮 Command1，Caption 属性设置为"点名"，具体控件及属性设置见表 4-4。

表 4-4　　　　　　　　　　　　　　Form1 及各控件属性设置

对象	属性名	设置属性值
窗体 Form	名称（Name）	Form1
	Caption	随机点名
标签 Label	名称（Name）	Label1
	Caption	空
命令按钮 Command	名称（Name）	Command1
	Caption	判断

上述属性除名称（Name）外，其他属性也可以通过代码来设置，参见【代码设计】中的 Form_Load() 事件代码。

【代码设计】

```
Private Sub Command1_Click()
    Dim classNo As Integer, studentNo As Integer, className As String
    Randomize
    classNo = _____        '随机产生 1~4 的整数
    studentNo = _____      '随机产生 1~30 的整数
    Select Case _____
        Case 1: className = "一班"
        Case 2: className = "二班"
        Case 3: className = "三班"
        Case 4: className = "四班"
    End Select
    Label1.Caption = className & Str(studentNo) & "号"
End Sub

Private Sub Form_Load()
    Form1.Caption = "随机点名"
    Label1.Caption = ""
    Command1.Caption = "点名"
End Sub
```

✎笔记：（请记录注意事项、纠错过程、经典代码等内容）

实验六 等式验证

【实验内容】

编写程序验证 $6^3+7^3+8^3+9^3+\cdots+69^3=180^3$ 是否成立，若成立则输出"等式成立"，若不成立则输出"等式不成立"。

【实验指导】

可采用 For…Next 语句先求出 6～69 所有整数的立方的和，然后与 180^3 进行比较，得出验证结果。请根据流程图 4-8 完成实验代码。

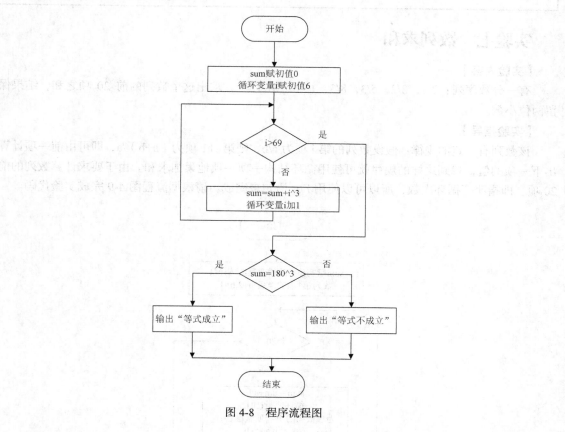

图 4-8 程序流程图

【代码设计】

```
Private Sub Form_Click()
    Dim sum As Long, i As Integer
    _____       ' sum 赋初值 0
    For i = _____   ' 设置循环变量 i 的初始值和终止值
        sum = sum + i ^ 3
    Next i
    If _____ Then   ' 条件判断
        Print "等式成立"
    Else
        Print "等式不成立"
    End If
End Sub
```

✏️ 笔记：（请记录注意事项、纠错过程、经典代码等内容）

实验七　数列求和

【实验内容】

有一分数序列：2/1，3/2，5/3，8/5，13/8，21/13…，求出这个数列的前 20 项之和，结果保留两位小数。

【实验指导】

该数列有一定的规律：假设数列的第 i 项为 a/b，则第 i+1 项为（a+b）/a，即可由前一项计算出下一项的值，找到这样的规律就可使用循环结构一项一项地累加求和。由于要求计算数列的前 20 项，即指明了循环次数，所以可以使用 For 语句来完成。请根据流程图 4-9 完成实验代码。

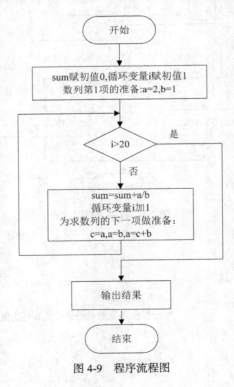

图 4-9　程序流程图

【界面设计】

界面设计如图 4-10 的运行结果所示，Label1 显示数列的表达式，Label2 显示运算结果，Label2 的 BorderStyle 设置为 1。Command1 的 Caption 改成 "="，具体控件及属性设置见表 4-5。

表 4-5　　　　　　　　　　　　　　Form1 及各控件属性设置

对象	属性名	设置属性值
窗体 Form	名称（Name）	Form1
	Caption	数列求和
标签 Label	名称（Name）	Label1
	Caption	2/1+3/2+5/3+…
标签 Label	名称（Name）	Label2
	Caption	空
	BorderStyle	1
命令按钮 Command	名称（Name）	Command1
	Caption	=

上述属性除名称（Name）外，其他属性也可以通过代码来设置，参见【代码设计】中的 Form_Load() 事件代码。

图 4-10　运行结果

【代码设计】
```
Private Sub Command1_Click()
    Dim sum As Single, a As Single, b As Single, c As Integer, i As Integer
    a = 2: b = 1
    For i = 1 To 20
        sum = sum + a / b
        ' 为下一个累加项做准备
        c= _____
        b= _____
        a= _____
    Next i
    Label2.Caption = Format(sum, "00.00")
End Sub

Private Sub Form_Load()
    Form1.Caption = "数列求和"
    Label1.Caption = "2/1+3/2+5/3+…"
    Label2.Caption = ""
    Label2.BorderStyle = 1
    Command1.Caption = "="
End Sub
```

✎ 笔记：（请记录注意事项、纠错过程、经典代码等内容）

实验八 人口预测计算

【实验内容】

联合国人口基金会公告全球人口在 2011 年 10 月 31 日达到 70 亿。这一年,世界人口增长率约为 1.1%。请设计程序计算多少年后世界人口将达到 80 亿,多少年后人口将达到 90 亿。

【实验指导】

每一年的人口数量要基于上一年的人口数量乘以一个比率,所以可以考虑用循环来实现累乘。由于不可预知循环的次数,只知道循环的终止条件,所以可采用 Do…Loop 语句来实现循环。参考流程图 4-11 完成实验代码。

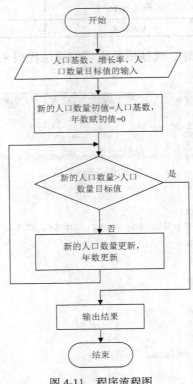

图 4-11 程序流程图

【界面设计】

为了增加程序的灵活性,界面设计如图 4-12 所示。其中,人口基数、增长率、人口数量目标值由用户输入。

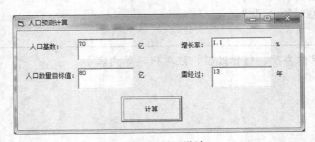

图 4-12 界面设计

具体控件及属性设置见表 4-6。

表 4-6　　　　　　　　　　　　Form1 及各控件属性设置

对象	属性名	设置属性值
窗体 Form	名称（Name）	Form1
	Caption	人口预测计算
标签 Label	名称（Name）	Label1
	Caption	人口基数
标签 Label	名称（Name）	Label2
	Caption	增长率
标签 Label	名称（Name）	Label3
	Caption	人口目标值
标签 Label	名称（Name）	Label4
	Caption	需经过
文本框 Text	名称（Name）	Text1-Text4
	Text	空
命令按钮 Command	名称（Name）	Command1
	Caption	计算

【代码设计】

```
Private Sub Command1_Click()
    Dim population As Single, newPopulation As Single, targetPopulation As Single
    Dim years As Integer, rate As Single
    population = Val(Text1.Text)
    rate = Val(Text2.Text) / 100
    targetPopulation = Val(Text3.Text)
    newPopulation = _____        '新的人口数量初始值=人口基数
    years = 0
    Do While newPopulation < targetPopulation
        newPopulation = _____    '新的人口数量更新
        years = _____            '年数更新
    Loop
    Text4.Text = years
End Sub

Private Sub Form_Load()
    Text1.Text = "":    Text2.Text = ""
    Text3.Text = "":    Text4.Text = ""
End Sub
```

✎ 笔记：（请记录注意事项、纠错过程、经典代码等内容）

实验九　比赛评分

【实验内容】

有 4 个选手参加比赛，有 6 个评委参与打分，每个选手的最后得分为 6 个评委的给分总和。设计程序可实现分数的录入、最后总分的统计和输出。

【实验指导】

由于需要对 4×6=24 个分数进行处理，每 6 个分数为一组，共 4 组，这种类似二维的数据可以采用双重循环来处理。用选手的个数作为外层循环的控制值，用评委的个数做内层循环的控制值，完成一个内层循环将会处理完一个选手的成绩。流程图如图 4-13 所示。

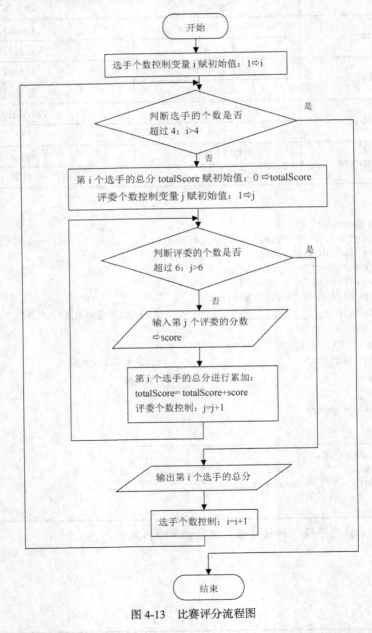

图 4-13　比赛评分流程图

【界面设计】

在窗体上添加图片框控件 Picture1，用来输出四个选手的最后得分。

图 4-14　界面设计

【代码设计】

```
Private Sub Form_Load()
    Dim score As Integer, totalScore As Integer, i As Integer, j As Integer
    Show                '在窗体的装载事件中欲用 Print 方法输出，需要使用 show 方法
    For i = 1 To 4
        totalScore = 0
        For j = 1 To 6
            score = Val(InputBox("请输入第" & i & "个选手的第" & j & "个评委给出的成绩"))
            totalScore = totalScore + score
        Next j
        Picture1.Print "第" & i; "个选手的最后得分是：" & totalScore
    Next i
End Sub
```

✏️ **笔记：**（请记录注意事项、纠错过程、经典代码等内容）

4.2　提高型实验

实验一　输入数据的检验

【实验内容】

软件设计时，应对用户输入的数据进行一定的检验，增加程序的自动纠错能力。如：有的项是必须输入项而用户没有输入，就会影响计算结果，如图 4-15 所示。请提供检验数据的功能，当"学制"没有输入或输入为 0 时给出提示。

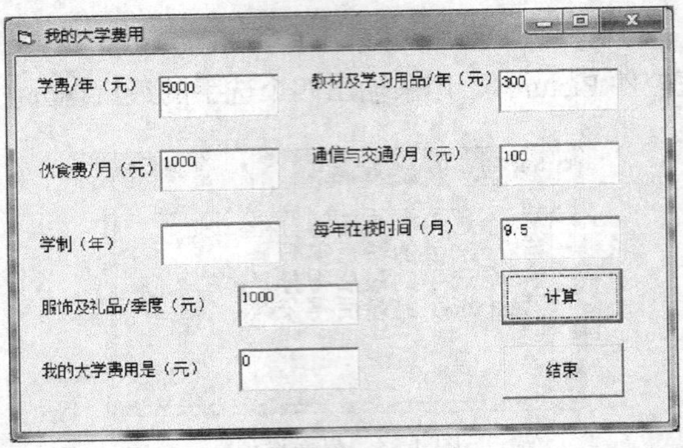

图 4-15　数据检验

【实验指导】

若"学制"没有输入或输入为 0 时，变量 year 的值为 0，可使用 If 语句单分支结构进行判断，根据判断结果决定是否给出提示。

【代码设计】

```
Private Sub Command1_Click()
    Dim Tuition As Single, Money_Book As Single, Money_Meal As Single, Money_Comm As Single, Money_Cloth As Single
    '定义变量分别用来存放学费，教材及学习用品费，伙食费，通信及交通费，服饰及礼品费用
    Dim Year As Single, Month As Single
    '定义变量分别用来存放学制，每年在校月时间
    Dim Total_Money As Single        '定义变量用来存放总费用
    Tuition = Val(Text1.Text):
    Money_Book = Val(Text2.Text)
    Money_Meal = Val(Text3.Text)
    Money_Comm = Val(Text4.Text)
    Year = Val(Text5.Text)
    If Year = 0 Then
        MsgBox "学制没有输入或输入为 0，请重新输入！"
        Text5.SetFocus
    End If
    Month = Val(Text6.Text)
    Money_Cloth = Val(Text7.Text)
    Total_Money = (Tuition + Money_Book) * Year + (Money_Meal + Money_Comm) * Month * Year + Money_Cloth * 4 * Year
    Text8.Text = Total_Money
End Sub
```

✎ 笔记：（请记录注意事项、纠错过程、经典代码等内容）

实验二 猴子摘桃子的问题

【实验内容】

编写程序,解决猴子吃桃子问题。猴子第一天摘下若干个桃子,当即吃了一半,又多吃了一个;第二天早上将剩下的桃子吃掉一半,又多吃了一个;以后每天早上都吃了前一天剩下的一半零一个。到第 10 天早上还想再吃时发现只剩下一个桃子,求第一天一共摘了多少个桃子。

【实验指导】

从最后一天的 1 个,倒推出前一天的个数 x,表达式为 x=2*(1+1)。假设当天剩的个数为 a 个,那么前一天的个数 x 为 x=2(a+1)。根据此公式可以一天一天地往前计算,直到第一天为止。可以采用 Do…Loop Until 语句实现该算法的描述。

【界面设计】

界面设计如图 4-16 所示。Text1 用来显示计算结果。

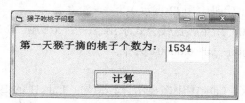

图 4-16　界面设计

【代码设计】

```
Private Sub Command1_Click()
    Dim x As Integer, a As Integer, d As Integer
    a = 1
    d = 10
    Do
        x = 2 * (a + 1)
        a = x
        d = d - 1
    Loop Until d = 1
    Text1.Text = x
End Sub
```

✎笔记:(请记录注意事项、纠错过程、经典代码等内容)

实验三 迭代法求解方程的根

【实验内容】

编写程序,用牛顿迭代法求方程 $2x^4-3x^2+2x-1=0$ 在 1.2 附近的根。要求 x 的误差小于 0.00001。

【实验指导】

"迭代法"也称"辗转法",是一种不断用变量的旧值递推新值的过程。迭代法又分为精确迭代和近似迭代。基础实验的实验四"数列求和"就是一个精确迭代的应用。"牛顿迭代法"是近似迭代的应用。

由牛顿迭代公式可知:

$x_1 = x_0 + f'(x)/f(x)$

其中,

$f(x) = 2x^4 - 3x^2 + 2x - 1$　　(代码中用 f1 表示)

$f'(x) = 8x^3 - 6x + 2$　　(代码中用 f2 表示)

设定一个 x 的初始值 x0,用牛顿迭代公式求出下一个 x 的值 x1,然后将 x1 作为初始值 x0 递推出下一个 x1,…,直到|x1-x0|<0.00001 为止。

【界面设计】

界面设计如图 4-17 所示。Label1 用来显示计算结果,Label1 的 Borderstyle 设置为 1。

图 4-17　界面设计

【代码设计】

```
Private Sub Command1_Click()
    Dim x0 As Single, x1 As Single, f1 As Single, f2 As Single
    x0 = 1.2
    Do
        f1 = 2 * x0 ^ 4 - 3 * x0 ^ 2 + 2 * x0 - 1
        f2 = 8 * x0 ^ 3 - 6 * x0 + 2
        x1 = x0 - f1 / f2
    Loop While Abs(x1 - x0) < 0.00001
    Label2.Caption = x1
End Sub
```

✎笔记:(请记录注意事项、纠错过程、经典代码等内容)

实验四 用双重循环实现二维图形的输出

【实验内容】

输出图 4-18 所示的图形。图形的行数由用户输入。

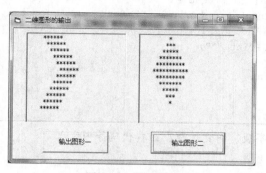

图 4-18 界面设计

【实验指导】

当图形较为复杂时,可将图形分步输出。图中的图形都可分为上下两部分来输出,分别找出各部分的规律,然后用双重循环输出。

【界面设计】

窗体上分别添加两个图片框 Picture1 和 Picture2,两个命令按钮 Command1 和 Command2。

【代码设计】

```
Option Explicit
Dim i As Integer, j As Integer, n As Integer

Private Sub Command1_Click()
    Picture1.Cls
    n = Val(InputBox("请输入图形的行数"))
    For i = 1 To n \ 2
        Picture1.Print Tab(5 + i);
        For j = 1 To n \ 2
            Picture1.Print "*";
        Next j
        Picture1.Print
    Next i
    For i = 1 To n \ 2
        Picture1.Print Tab(5 + n \ 2 - i);
        For j = 1 To n \ 2
            Picture1.Print "*";
        Next j
        Picture1.Print
    Next i
End Sub

Private Sub Command2_Click()
    Picture2.Cls
    n = Val(InputBox("请输入图形的行数"))
    For i = 1 To n \ 2
        Picture2.Print Tab(5 + n \ 2 - i);
```

```
            For j = 1 To 2 * i - 1
                Picture2.Print "*";
            Next j
            Picture2.Print
        Next i
        For i = n \ 2 - 1 To 1 Step -1
            Picture2.Print Tab(5 + n \ 2 - i);
            For j = 1 To 2 * i - 1
                Picture2.Print "*";
            Next j
            Picture2.Print
        Next i
End Sub
```

✎笔记：（请记录注意事项、纠错过程、经典代码等内容）

第 5 章
数组

【实验目的】
1. 掌握数组的声明和数组元素的引用方法。
2. 掌握静态数组和动态数组的使用及它们之间的不同。
3. 掌握常用的数组操作和算法。
4. 掌握排序、查找和删除数组元素的算法,进一步熟悉数组的应用。
5. 掌握控件数组的基本应用。

5.1 基础型实验

实验一 成绩统计问题

【实验内容】
请录入 10 位学生成绩,并求出平均分、最高分和最低分。

【实验指导】
1. 采用一维数组存储 10 位学生成绩,有利于对成绩进行一系列操作处理。
2. 对于 10 位学生成绩的操作,建议采用计数型循环 FOR 语句。
3. 最高分和最低分,建议选取参考值最高分 0 分,最低分 100 分。
4. 请根据流程图 5-1 完成实验代码。

【界面设计】
界面设计及运行结果如图 5-2 所示。界面操作方法如下。
1. 单击"请录入",通过 InputBox 函数录入 10 位学生成绩。
2. 录入结束后,显示"平均分""最高分"和"最低分"。

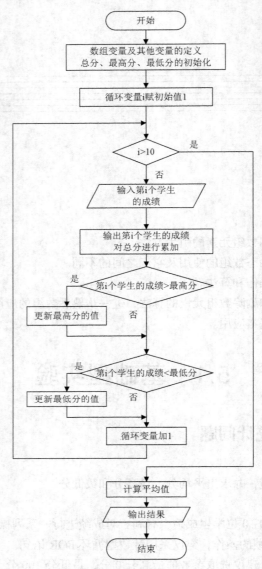

图 5-1 程序流程图

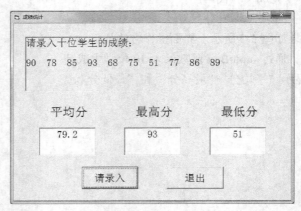

图 5-2 界面设计及运行结果

【主要属性】

表 5-1　　　　　　　　　　　Form1 及各控件属性设置

控件名	属性名	属性值
Form1	Caption	成绩统计
Label1	BorderStyle	1
	Caption	（清除）
Label2	Caption	平均分
Label3	Caption	最高分
Label4	Caption	最低分
Text1	Text	（清除）
Text2	Text	（清除）
Text3	Text	（清除）
Command1	Caption	请录入
Command2	Caption	退出

【代码设计】

```
Private Sub Command1_Click()
  Dim score(10) As Integer        '声明数组 score
  Dim sum as single, average As Single, max As Integer, min As Integer, i As Integer
  sum = 0
  _____       ' 设定最高分
  _____       ' 设定最低分
  Label1.Caption = "十位学生的成绩为：" & vbCrLf & vbCrLf
  For i = 1 To 10              ' 录入 10 位学生成绩，求总分、最高分和最低分
    score(i) = InputBox("请录入第" & i & "位学生的成绩")
    Label1.Caption = Label1.Caption & Str(score(i)) & space(2)
    _____       ' 求总分
    If score(i) > max Then max = score(i)
    If score(i) < min Then min = score(i)
  Next i
  average = sum / 10            ' 求平均分
  Text1.Text = average
  Text2.Text = max
  Text3.Text = min
End Sub

Private Sub Command2_Click()
  End
End Sub
```

> 小贴士　　参考代码中 space(N) 函数的应用会产生 N 个空格，空格的合理使用有利于显示内容的正确表达，相对于直接使用的空格字符串（如"　　"），程序的描述更直观，更准确。

🖉 笔记：（请记录注意事项、纠错过程、经典代码等内容）

实验二　阶乘问题

【实验内容】

请计算 1!+2!+3!+4!+5! 和 5!-4!-3!-2!-1!。

【实验指导】

1. 题目要求计算 1～5 阶乘和，也计算阶乘差值，因此选择将 1～5 阶乘结果存入一维数组。
2. 阶乘算法特点是计算 5! 时先计算 4!，依此类推可知首先应计算 1!，针对此特点，使用计数型 For 循环在依次求出 1! 到 5! 的结果时，可同时将结果存入数组中。
3. 请参考流程图 5-3 完成实验代码。

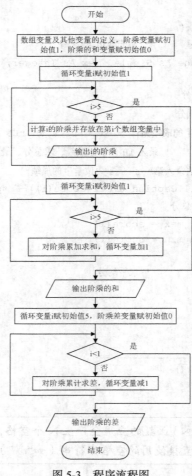

图 5-3　程序流程图

【界面设计】

界面设计及运行结果如图 5-4 所示。单击"请计算",计算 1!+2!+3!+4!+5! 和 5!-4!-3!-2!-1! 的值并显示 1~5 的阶乘值、阶乘和、阶乘差。

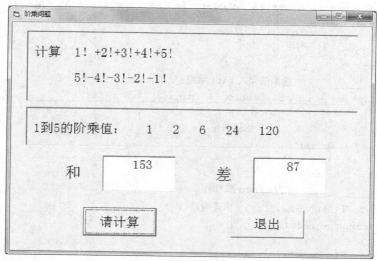

图 5-4　界面设计及运行结果

【主要属性】

表 5-2　　　　　　　　　　　　Form1 及各控件属性设置

控件名	属性名	属性值
Form1	Caption	阶乘问题
Label1	BorderStyle	1
	Caption	（清除）
Label2	BorderStyle	1
	Caption	（清除）
Label3	Caption	和
Label4	Caption	差
Text1	Text	（清除）
Text2	Text	（清除）
Command1	Caption	请计算
Command2	Caption	退出

【代码设计】

```
Private Sub Form_Load()
    Label1.Caption = vbCrLf & Space(2) & "计算" & Space(2) & "1!+2!+3!+4!+5!" & vbCrLf & vbCrLf & Space(8) & "5!-4!-3!-2!-1!"
    Label2.Caption = vbCrLf & Space(2) & "1 到 5 的阶乘值："
End Sub

Private Sub Form_Activate()   ' Command1 按钮首先获得焦点
Command1.SetFocus
```

```
End Sub

Private Sub Command1_Click()
  Dim fact(5) As Integer     ' 声明数组 fact
  Dim sum As Integer, minus As Integer, fac As Integer, i As Integer
  fac = 1
  sum = 0
  For i = 1 To 5
    fac = fac * i
    _____           ' 阶乘值存入 fact 数组中
    Label2.Caption = Label2.Caption & Space(2) & Str(fac)
  Next i
  For i = 1 To 5           ' 求阶乘和
    sum = sum + fact(i)
  Next i
  Text1.Text = Str(sum)
    _____           ' 为 minus 赋初值
  For i = 4 To 1 Step -1   ' 求阶乘差
    minus = minus - fact(i)
  Next i
  Text2.Text = Str(minus)
End Sub

Private Sub Command2_Click()
  End
End Sub
```

> **小贴士** 阶乘计算需注意数据类型的选择，如 8! 值为 40320，这个值超出了整型的取值范围（最大值为 32767），当所求阶乘值较大时为避免错误应选择变量的数据类型为单精度或双精度。

✎ 笔记：（请记录注意事项、纠错过程、经典代码等内容）

实验三　排序问题

【实验内容】

请分别用选择交换法和冒泡排序法为一个用户录入的数值型数组元素从小到大排序，并显示两种方法的排序过程。

【实验指导】

1. 请结合教材掌握选择交换法和冒泡排序法的算法原理。

2. 两种方法的不同：选择交换法每轮需记录最小值的数组元素下标，然后和前面相应的数组元素值交换；冒泡排序法每轮采用两两比较，相对大的值向后排列的方式，每轮结束本轮的最大值将落到最后。

【界面设计】

界面设计及运行结果如图 5-5 所示。界面操作方法如下。

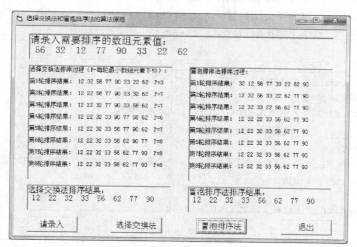

图 5-5　界面设计及运行结果

1. 单击"请录入"，依次录入数组元素值，并显示。
2. 单击"选择交换法"，显示选择交换法实现过程，并显示排序结果。
3. 单击"冒泡排序法"，显示冒泡排序法实现过程，并显示排序结果。

【主要属性】

表 5-3　　　　　　　　　　　　From1 及各控件属性设置

控件名	属性名	属性值
Form1	Caption	选择交换法和冒泡排序法的算法原理
Label1	BorderStyle	1
	Caption	（清除）
Label2	BorderStyle	1
	Caption	（清除）
Label3	BorderStyle	1
	Caption	（清除）
Label4	BorderStyle	1
	Caption	（清除）
Label5	BorderStyle	1
	Caption	（清除）
Command1	Caption	请录入
Command2	Caption	选择交换法
Command1	Caption	冒泡排序法
Command2	Caption	退出

【代码设计】

```vb
Dim arr() As Integer, arr1() As Integer, arr2() As Integer, n As Integer, t As Integer
Private Sub Form_Load()
Label1.Caption = "请录入需要排序的数组元素值: " & vbCrLf
Label2.Caption = "选择交换法排序过程（P-每轮最小数组元素下标）: " & vbCrLf & vbCrLf
Label3.Caption = "选择交换法排序结果: " & vbCrLf
Label4.Caption = "冒泡排序法排序过程: " & vbCrLf & vbCrLf
Label5.Caption = "冒泡排序法排序结果: " & vbCrLf
End Sub

Private Sub Command1_Click()
    Dim i As Integer, j As Integer, orig As String
    n = InputBox("请输入数组元素个数(2-8)", "元素个数输入")
    _____          ' 动态数组 arr 重定义
    For i = 1 To n
        arr(i) = InputBox("请输入第" & i & "个数组元素的值", "输入数组元素")
        orig = orig & Space(2) & arr(i)
    Next
    Label1.Caption = Label1.Caption & orig
End Sub

Private Sub Command2_Click()      ' 选择交换法
    Dim i As Integer, j As Integer, p As Integer, choi As String
    ReDim arr1(n) As Integer
    For i = 1 To n
        arr1(i) = arr(i)
    Next i
    For i = 1 To n
        p = i
        For j = i + 1 To n
            _____          ' 记录最小值位置
        Next j
        If p <> i Then
            t = arr1(i): arr1(i) = arr1(p): arr1(p) = t
        End If
        For j = 1 To n
        choi = choi & Space(1) & arr1(j)
        Next j
        Label2.Caption = Label2.Caption & "第" & i & "轮排序结果: " & choi & Space(2) & _
        "P=" & p & vbCrLf & vbCrLf
        choi = ""
    Next i
    For i = 1 To n
        choi = choi & Space(2) & arr1(i)
    Next i
        Label3.Caption = Label3.Caption & choi
End Sub

Private Sub Command3_Click()    ' 冒泡排序法
    Dim i As Integer, j As Integer, t As Integer, bubb As String
    ReDim arr2(n) As Integer
    For i = 1 To n
```

```
            arr2(i) = arr(i)
        Next i
        For i = 1 To n
            For j = 1 To n - i
                If arr2(j + 1) < arr2(j) Then
                    _____        ' 两数组元素交换数值
                End If
            Next j
            For j = 1 To n
                bubb = bubb & Space(1) & arr2(j)
            Next j
            Label4.Caption = Label4.Caption & "第" & i & "轮排序结果: " & bubb & vbCrLf & vbCrLf
            bubb = ""
        Next i
        For i = 1 To n
            bubb = bubb & Space(2) & arr2(i)
        Next i
            Label5.Caption = Label5.Caption & bubb
End Sub

Private Sub Command4_Click()
    End
End Sub
```

> **小贴士**　动态数组可以先简单定义,但是使用时需要重定义,声明其元素个数和数据类型。

✎ **笔记:**(请记录注意事项、纠错过程、经典代码等内容)

实验四　矩阵问题

【实验内容】

使用二维数组存储一个矩阵的值,输出这个矩阵及其转置矩阵。

【实验指导】

1. 一般情况下,矩阵存储和数据处理需要使用二维数组结合双重循环完成。
2. 二维数组中两维分别对应着矩阵的行号和列标,存储时遵循按行存入形式,具体参照本实验界面中矩阵存储情况。
3. 矩阵转置,是行列互换的算法实现形式。

【界面设计】

界面设计及运行结果如图 5-6 所示。界面操作方法如下。

1. 单击"请录入",依次录入二维数组元素值,并在"矩阵存储情况"中显示值在存储空间中的情况。
2. 单击"显示矩阵",显示矩阵元素及矩阵元素值的排列情况。
3. 单击"矩阵转置",显示转置后矩阵元素及矩阵元素值的排列情况。

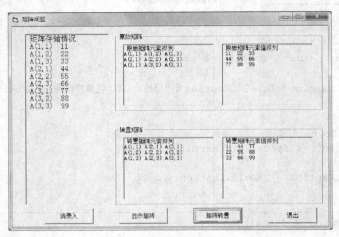

图 5-6 界面设计及运行结果

【主要属性】

表 5-4　　　　　　　　　　From1 及各控件属性设置

控件名	属性名	属性值
Form1	Caption	矩阵问题
Label1	BorderStyle	1
	Caption	(清除)
Frame1	Caption	原始矩阵
Label2	BorderStyle	1
	Caption	(清除)
Label3	BorderStyle	1
	Caption	(清除)
Frame2	Caption	转置矩阵
Label4	BorderStyle	1
	Caption	(清除)
Label5	BorderStyle	1
	Caption	(清除)
Command1	Caption	请录入
Command2	Caption	矩阵显示
Command1	Caption	矩阵转置
Command2	Caption	退出

【代码设计】

```
Option Explicit
Dim A(), I As Integer, J As Integer
```

```vb
Dim N As Integer, Temp As Integer, Str As String
Private Sub Form_Load()
    Label1.Caption = " 矩阵存储情况" & vbCrLf
    Label2.Caption = " 原始矩阵元素排列" & vbCrLf
    Label3.Caption = " 原始矩阵元素值排列" & vbCrLf
    Label4.Caption = " 转置矩阵元素排列" & vbCrLf
    Label5.Caption = " 转置矩阵元素值排列" & vbCrLf
End Sub

Private Sub Command1_Click()
  N = Val(InputBox("输入矩阵的阶数", "提示"))
  _____   ' 重定义二维数组A
' 将数据输入到N×N矩阵中
    For I = 1 To N
        For J = 1 To N
            Str = "输入矩阵的" & I & "行" & J & "列元素"
            A(I, J) = Val(InputBox(Str, "提示"))
            Label1.Caption = Label1.Caption & Space(2) & "A(" & I & "," & J & ")" & Space(2) _
                & A(I, J) & vbCrLf
        Next J
    Next I
End Sub

Private Sub Command2_Click()
' 输出原始矩阵各个元素
    For I = 1 To N
        For J = 1 To N
            Label2.Caption = Label2.Caption & Space(1) & "A(" & I & "," & J & ")"
            Label3.Caption = Label3.Caption & Space(2) & A(I, J)
        Next J
        Label2.Caption = Label2.Caption & vbCrLf
        Label3.Caption = Label3.Caption & vbCrLf
    Next I
End Sub

Private Sub Command3_Click()
    For I = 1 To N
        For J = 1 To I - 1
            _____   ' 将矩阵的相应数组元素交换
        Next J
    Next I
' 输出转置矩阵各个元素
    For I = 1 To N
        For J = 1 To N
        Label4.Caption = Label4.Caption & Space(1) & "A(" & J & "," & I & ")"
        Label5.Caption = Label5.Caption & Space(2) & A(I, J)
        Next J
        Label4.Caption = Label4.Caption & vbCrLf
        Label5.Caption = Label5.Caption & vbCrLf
    Next I
End Sub

Private Sub Command4_Click()
  End
End Sub
```

🔔 小贴士　　数组与循环关系非常密切，一维数组的数据处理往往是通过一重循环实现的，二维数组的数据处理是通过双重循环实现的。

✎ 笔记：（请记录注意事项、纠错过程、经典代码等内容）

实验五　控件数组的应用

【实验内容】

形状处理，请通过控件数组形式对图片框中的 shape 形状进行设置，设置内容包括形状选择、填充图形选择和颜色选择。

【实验指导】

1. 控件数组是控件名相同，但是 index 属性不同的控件。
2. Shape 形状的属性改变可以通过控件数组的 index 的值来确定。

【界面设计】

界面设计如图 5-7 所示。界面操作方法如下。

1. "操作区域"的"形状选择"中按钮为控件数组，首先选择一个形状形式，此形状将在图片框中显示。

2. 在"操作区域"的"填充图形选择"中选择一种图形填充形式在形状中体现，注意如果选择"透明"，将无法进行颜色选择操作。

3. 在"操作区域"的"颜色选择"中选择一种颜色，将作为填充图形的颜色。

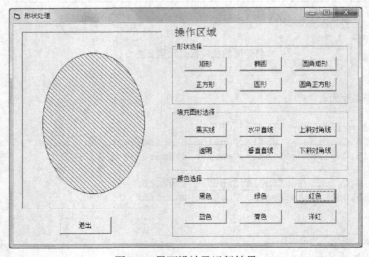

图 5-7　界面设计及运行结果

【主要属性】

表 5-5　　　　　　　　　　　　　　From1 及各控件属性设置

控件名	属性名	属性值
Form1	Caption	形状处理
Picture1	Name	Picture1
Shape1	Visble	False
Label1	Caption	操作区域
Frame1	Caption	形状选择
Command1(0)	Caption	矩形
Command1(1)	Caption	正方形
Command1(2)	Caption	椭圆
Command1(3)	Caption	圆形
Command1(4)	Caption	圆角矩形
Command1(5)	Caption	圆角正方形
Frame2	Caption	填充图形选择
Command2(0)	Caption	黑实线
Command2(1)	Caption	透明
Command2(2)	Caption	水平直线
Command2(3)	Caption	垂直直线
Command2(4)	Caption	上斜对角线
Command2(5)	Caption	下斜对角线
Frame3	Caption	颜色选择
Command3(0)	Caption	黑色
Command3(1)	Caption	蓝色
Command3(2)	Caption	绿色
Command3(3)	Caption	青色
Command3(4)	Caption	红色
Command3(5)	Caption	洋红
Command4	Caption	退出

【代码设计】

```
Private Sub Command1_Click(Index As Integer)
    Shape1.Visible = True
    _____      '形状选择
End Sub


Private Sub Command2_Click(Index As Integer)
    Shape1.Visible = True
    _____      '填充图形选择
```

```
End Sub

Private Sub Command3_Click(Index As Integer)
    Shape1.Visible = True
    _____              ' 颜色选择
End Sub

Private Sub Command4_Click()
    End
End Sub
```

> ✏ 笔记：（请记录注意事项、纠错过程、经典代码等内容）

5.2 提高型实验

实验一　数据查找和删除问题

【实验内容】

根据给出的数组，设定查找数据，找到这个数据在数组中的位置，可以实现数组中此数据的删除功能。

【实验指导】

1. 先将此数组进行排序并保存。

2. 采用二分查找法查询数据。二分查找法：从已经按升序排好的数组中找出其中间值，与要查找的数据进行比较，若相等则找到。否则若要查找的数据小，则查找的数据在前半部分；若要查找的数据大，则要查找的数据在后半部分。如此一半一半缩小进行查找。

3. 根据查找到的位置信息，采用数组元素前移方式实现数据删除功能。

【界面设计】

界面设计及运行结果如图 5-8 所示。界面操作方法如下。

1. 在"要查找的数据"文本框中输入要查找的数据。

2. 单击"查找"，显示查找情况。

3. 单击"删除"，从原始数据中删除查找到的数据。

第 5 章 数组

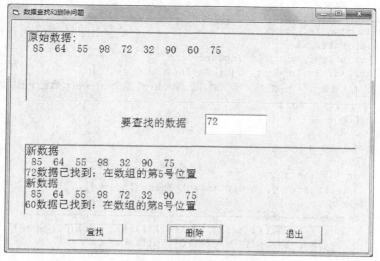

图 5-8　界面设计及运行结果

【主要属性】

表 5-6　　　　　　　　　　　From1 及各控件属性设置

控件名	属性名	属性值
Form1	Caption	数据查找和删除问题
Label1	BorderStyle	1
	Caption	（清除）
Label2	Caption	要查找的数据
Label3	BorderStyle	1
	Caption	（清除）
Text1	Text	（清除）
Command1	Caption	录入数组
Command2	Caption	查找
Command3	Caption	删除
Command4	Caption	退出

【代码设计】

```
Dim a() As Variant, arr1() As Integer, p() As Integer
Dim n%, i%, mid%
Dim find As Boolean
Private Sub Form_Load()
    Dim orig As String
    a = Array(78, 85, 64, 55, 98, 72, 32, 90, 60, 75)
    n = UBound(a)
    Label1.Caption = "原始数据:" & vbCrLf
        For i = 1 To n
            orig = orig & Space(2) & a(i)
        Next i
        Label1.Caption = Label1.Caption & orig
End Sub
```

```vb
Private Sub Command1_Click()
    Dim top%, bot%, x%
    Dim j As Integer, flag As Integer
    ReDim arr1(n) As Integer, p(n) As Integer
     For i = 1 To n        ' 数组从小到大排序后存入arr1数组中,并在p数组中记录数据在原数组中位置
         arr1(i) = a(i)
         p(i) = i
     Next i
     For i = 1 To n
         flag = i
         For j = i + 1 To n
             If arr1(j) < arr1(flag) Then flag = j
         Next j
         If flag <> i Then
             t = arr1(i): arr1(i) = arr1(flag): arr1(flag) = t
             t = p(i): p(i) = p(flag): p(flag) = t
         End If
     Next i
    x = Text1.Text              ' 要查找的数放在x变量中
    find = False                'find为是否找到的标志变量
    top = n: bot = 1
    Do While top >= bot And find = False     ' 二分法查找数据
       mid = (top + bot) \ 2
       If x = arr1(mid) Then
          find = True
          Label3.Caption = Str(x) & "数据已找到:" & "在数组的第" & p(mid) & "号位置" &_
          vbCrLf & Label3.Caption
       ElseIf x > arr1(mid) Then
           bot = mid + 1
       Else
           top = mid - 1
       End If
    Loop
       If find = False Then MsgBox Str(x) + "没有该数据!"
End Sub

Private Sub Command2_Click()
    Dim del%
    Dim f As String
    Static s%
    s = s + 1
    If find = True Then del = p(mid) Else del = 0
    For i = del To n - 1
    a(i) = a(i + 1)
    Next i
    For i = 1 To n - s
    f = f & Space(2) & a(i)
    Next i
    Label3.Caption = "新数据" & vbCrLf & f & vbCrLf & Label3.Caption
End Sub

Private Sub Command3_Click()
    End
End Sub
```

🖉 笔记：（请记录注意事项、纠错过程、经典代码等内容）

实验二　字符串函数的应用

【实验内容】

某班级学生按照姓名和成绩组合录入了一段文本，如下。

张鹏，75，王明，97，李玲，90，张涛，68，徐海东，82，刘柳，77，胡亦非，71，曲欣，86。

请将其按照分数从高到低重新排列。

【实验指导】

1. 使用 Split 函数创建 A 数组，注意要将 A 数组中学生名和成绩再分成 B 和 C 两个数组形式。Split 函数的功能是返回一个下标从零开始的一维数组，包含指定数目的子字符串。使用格式为：

Split（字符串表达式，分隔符）

其中，"字符串表达式"是指包含子字符串和分隔符的字符串表达式，分隔符标识子字符串边界的字符串字符。使用时注意字符串表达式为空串时，Split 函数将会返回一个空数组，忽略分隔符，VB 将认为使用空格作为分隔符。

2. 对 C 数组的成绩进行排序，注意对 B 数组也同时调整顺序。

3. 使用 Join 函数将数组元素值重新组合在文本中输出。Join 函数的功能是返回一个按照指定分隔符间隔的包含子字符串数组中所有元素值的字符串，即将字符串类型的数组元素中的字符连接成一个字符串。使用格式为：

Join（字符串数组，分隔符）

【界面设计】

界面设计及运行结果如图 5-9 所示。界面操作方法如下。

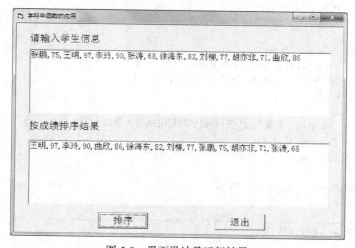

图 5-9　界面设计及运行结果

1. 在"请输入学生信息"的文本框中输入"张鹏，75，王明，97，李玲，90，张涛，68，徐海东，82，刘柳，77，胡亦非，71，曲欣，86"。

2. 单击"排序"按钮，在"按成绩排序结果"的文本框中输出结果。

【主要属性】

表 5-7　　　　　　　　　　　　From1 及各控件属性设置

控件名	属性名	属性值
Form1	Caption	字符串函数的应用
Label1	Caption	请输入学生信息
Label2	Caption	按成绩排序结果
Text1	Text	（清除）
	MultiLine	True
Text2	Text	（清除）
	MultiLine	True
Command1	Caption	排序
Command2	Caption	退出

【代码设计】

```
Dim A() As String, B() As String, C() As Integer
Dim n%, i%, p%
Private Sub Command1_Click()
    Dim j As Integer, q As String
    A = Split(Text1.Text, ",")
    n = (UBound(A) - 1) \ 2
    ReDim B(n) As String, C(n) As Integer
    For i = 0 To n   '拆分带有字符和数值的数组 A
    B(i) = A(2 * i)
    C(i) = Val(A(2 * i + 1))
    Next i
    For i = 0 To n       '使用选择交换法排序
        p = i
        For j = i + 1 To n
            If C(j) > C(p) Then p = j
        Next j
        If p <> i Then
            t = C(i): C(i) = C(p): C(p) = t
            q = B(i): B(i) = B(p): B(p) = q
        End If
    Next i
    For i = 0 To n   ' 重新组合字符和数值的数组赋给 A 数组
        A(2 * i + 1) = C(i)
        A(2 * i) = B(i)
    Next i
        Text2.Text = Join(A, ",")
End Sub

Private Sub Command2_Click()
    End
End Sub
```

笔记：（请记录注意事项、纠错过程、经典代码等内容）

第 6 章 过程

【实验目的】
1. 掌握子过程和函数过程的创建和调用。
2. 掌握过程调用时参数按值和按地址的两种传递方式。
3. 掌握变量、过程的作用域。
4. 了解数组参数、对象参数等各种参数的使用。
5. 了解过程的递归调用。

6.1 基础型实验

实验一 用自定义 Sub 过程输出星花矩阵

【实验内容】
编写一个子过程，在窗体上输出星花矩阵，要求矩阵的行数与列数由输入框输入。

【实验指导】
因为输出星花矩阵不需要有返回值，所以可以定义一个子过程来实现。主调过程中接受用户输入的行数和列数，通过参数传递到子过程，在子过程中实现矩阵的输出。

【界面设计】
界面设计如图 6-1 所示。在窗体 Form1 上添加一命令按钮 Command1，单击 Command1，用户通过输入框输入星花矩阵的行数和列数，调用子过程 Stars 在窗体上输出星花矩阵。

图 6-1 界面设计

【代码设计】

```
Private Sub Stars(row As Integer, column As Integer)
  Dim i As Integer, j As Integer
  For i = 1 To row
    For j = 1 To column
      Print "*";
    Next j
    Print
  Next i
End Sub

Private Sub Command1_Click()
  Dim r As Integer, c As Integer
  Cls
  r = Val(InputBox("请输入矩阵行数：", "输入"))
  c = Val(InputBox("请输入矩阵列数：", "输入"))
  Call Stars(r, c)
End Sub
```

✎ 笔记：（请记录注意事项、纠错过程、经典代码等内容）

实验二 用 Function 过程求阶乘和

【实验内容】

定义一个计算阶乘的函数 fact，并求 1！+2！+3！+…+n！，单击"计算"按钮将结果显示在窗体上。

【实验指导】

调用求阶乘的过程需要将所求数的阶乘返回到主调过程，所以定义函数过程 fact。在主调过程中用循环依次取所有需要求得阶乘的整数，每取得一个数即调用 fact 函数取得该数的阶乘，同时将其阶乘值累加，最终求得各数阶乘的和。

【界面设计】

界面设计如图 6-2 所示，在窗体上添加一命令按钮 Command1，单击 Command1 在窗体上输出 1！+2！+…+n！ 的和。

图 6-2 界面设计

【代码设计】

```
Public Function fact(n As Integer) As Long
  Dim f As Long, i As Integer
  f = 1
```

```
    For i = 1 To n
      f = f * i
    Next i
    fact = f
End Function

Private Sub Command1_Click()
  Dim sum As Long, i As Integer, n As Integer
  n = val(InputBox("请输入一个正整数"))
  For i = 1 To n
    sum = sum + fact(i)
  Next i
  Print "阶乘的和为: "; sum
End Sub
```

> 笔记：（请记录注意事项、纠错过程、经典代码等内容）

实验三 用 Function 过程输出 100 以内的所有素数

【实验内容】

编写判断一个整数是否为素数的函数，利用该函数输出 100 以内的所有素数。

【实验指导】

素数是只能被 1 和本身整除的正整数，例如，5 只能被 1 和 5 整除，则 5 是一个素数。判断一个数 n 是否为素数，只需要将该数依次除以 2 至 n-1 之间的所有整数，如果均不能被整除，则 n 即是素数，否则不是素数。实际上除数的取值范围可以缩小为 2 至 sqr(n)。

编写判断一个数是否为素数的函数 fjuage，函数值的类型为 Boolean 型。在主调过程中取所有 3～100 以内的整数，将取得的每一个整数依次传递到函数过程进行判断，根据返回的函数值是 True 还是 False，判断出一个整数是否是素数，如果是则在主调过程中输出该整数。

【界面设计】

在窗体上添加一命令按钮 Command1，单击 Command1 在窗体上输出 100 以内的所有素数，如图 6-3 所示。

图 6-3 界面设计

【代码设计】

```
Private Function fjudge(n As Integer) As Boolean
   Dim i As Integer, f As Byte
   f = 0
   For i = 2 To Int(Sqr(n))
     If n Mod i = 0 Then f = 1: Exit For
   Next i
   If f = 0 Then
     fjudge = True
   End If
End Function


Private Sub Command1_Click()
   Dim i As Integer
   For i = 3 To 100
     If fjudge(i) = True Then
     Print i;
     n = n + 1
     If n Mod 10 = 0 Then Print
     End If
   Next i
End Sub
```

> **笔记：**（请记录注意事项、纠错过程、经典代码等内容）

6.2 提高型实验

实验一 参数按地址传递的应用

【实验内容】

编写函数求一元二次方程 $ax^2+bx+c=0$ 的解。系数 a、b、c 分别通过文本框输入，当 b^2-4*a*c>=0 时，将方程的解 x1、x2 分别输出到标签中；当 b^2-4*a*c<0 时，弹出消息"该方程没有实根"。

【实验指导】

本题需要由函数返回的信息有 3 个：该方程有没有实根，方程的两个实根 x1 和 x2。因为函数只能有一个返回值，可以用过程的参数按地址传递时形参的改变会影响到实参这个特点，通过两个按地址传递的参数将两个实根传递回主调过程。有无实根由函数值返回。

【界面设计】

如图 6-4 所示，在窗体上添加三个文本框用于输入方程的三个系数 a、b、c。标签 Label6、

Label7 用于显示方程的两个实根。

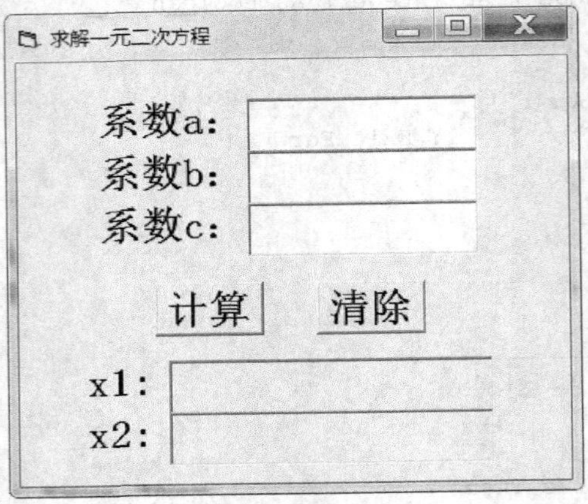

图 6-4 界面设计

【代码设计】

```
Private Function root(a As Single, b As Single, c As Single, x1 As Single, x2 As Single) As Boolean
    Dim k As Single
    k = b ^ 2 - 4 * a * c
    If k >= 0 Then
        x1 = -b / (2 * a) + Sqr(k) / (2 * a)
        x2 = -b / (2 * a) - Sqr(k) / (2 * a)
        root = True
    Else
        root = False
    End If
End Function
```

```
Private Sub Command1_Click()
    Dim a As Single, b As Single, c As Single, x1 As Single, x2 As Single
    a = Text1.Text
    b = Text2.Text
    c = Text3.Text
    x1 = 0
    x2 = 0
    If root(a, b, c, x1, x2) = True Then
        Label6.Caption = x1
        Label7.Caption = x2
    Else
        MsgBox "此方程无实数解"
    End If
End Sub
```

```
Private Sub Command2_Click()
    Text1.Text = ""
    Text2.Text = ""
    Text3.Text = ""
    Label1.Caption = ""
    Label2.Caption = ""
End Sub
```

笔记：（请记录注意事项、纠错过程、经典代码等内容）

实验二　过程的递归调用

【实验内容】

用递归的方法求斐波那契数列前 n 项的和。斐波那契数列如下。

　　1，1，2，3，5，8，13，…

即从第 3 项起每一项是其前两项之和。

【实验指导】

因为斐波那契数列从第 3 项开始，每一项都是它前两项的和，所以要求第 n 项可以先求第 n-1 项和第 n-2 项，要求得 n-1 项又必须再求得 n-3 项，依次类推。所以斐波那契数列具有递归形式。而数组开始的两项均为 1，所以也具有结束递归的条件。因此求斐波那契数列的某一项可以用递归调用来完成。这样可以定义一个求斐波那契数列某一项的函数，调用函数求得斐波那契数列的前 n 项，并同时将其累加即可得到数列前 n 项的和。

【界面设计】

在窗体上添加命令按钮 Command1，单击 Command1，弹出输入框，输入项数，如图 6-5 所示，将斐波那契数列前 n 项的和显示在窗体上。

图 6-5　界面设计

【代码设计】

```
Private Function Fib(n As Long) As Long
  If n > 2 Then
    Fib = Fib(n - 1) + Fib(n - 2)
  Else
    Fib = 1
  End If
End Function

Private Sub Command1_Click()
  Dim i As Long, n As Long, sum As Long
```

```
    n = InputBox("请输入斐波那契数列项数", "请输入")
    For i = 1 To n
      sum = sum + Fib(i)
    Next
    Print "斐波那契数列前"; n; "项和: "; sum
End Sub
```

> 笔记：（请记录注意事项、纠错过程、经典代码等内容）

实验三 使用数组参数

【实验内容】

编写一个提取数组中偶数的 Sub 过程。随机产生一个数组，元素的值均为两位正整数，数组的大小由键盘输入，产生的数组显示在文本框 Text1 中。调用自定义 Sub，输出数组中的所有偶数到文本框 Text2 中。

【实验指导】

本题可以定义子过程 arr 用于分离某个数组中的偶数，该子过程有 x() 和 y() 两个数组参数，x() 用于接受主调过程传递的要处理的数组 a()，y() 用于接受实参的一个初始化状态的数组（元素的值均为 0）b()，在 arr 子过程中将 x() 中的偶数依次保存到数组 y() 中。因为数组参数是按照地址传递的，所以实参组 b() 和形参数组 y() 同步改变。当 arr 子过程执行完毕后，在主调过程中可以从 b() 数组中输出所有偶数到文本框 Text2 中。

【界面设计】

在界面上添加两个文本框，如图 6-6 所示，在文本框中设置横向滚动条。单击"生成"按钮在 Text1 中随机生成数组；单击"显示"按钮，在 Text2 中显示数组中的所有偶数。

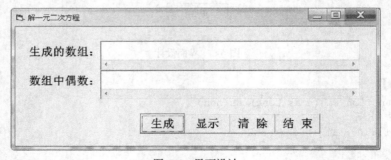

图 6-6 界面设计

【代码设计】

```
Dim a() As Integer, n As Integer          ' "通用"–"声明"中定义
Private Sub arr(x() As Integer, y() As Integer)
```

```
    Dim i As Integer, k As Integer
    For i = LBound(x) To UBound(x)
      If x(i) Mod 2 = 0 Then
      k = k + 1
      y(k) = x(i)                 ' x 数组中的第 k 个偶数赋给 y 数组的第 k 个元素
      End If
    Next i
End Sub

Private Sub Command1_Click()
  Dim i As Integer
  n = InputBox("请输入数组元素的个数", "请输入")
  ReDim a(1 To n) As Integer
  Randomize
  For i = 1 To n
    a(i) = Int(Rnd * 90 + 10)
    Text1.Text = Text1.Text & a(i) & " "
  Next i
End Sub

Private Sub Command2_Click()
Dim k As Integer, i As Integer
ReDim b(1 To n) As Integer
arr a(), b()
For i = 1 To n
If b(i) = 0 Then Exit For      '遇到第一个元素值为 0 时结束循环
Text2.Text = Text2.Text & b(i) & " "
Next i
End Sub

Private Sub Command3_Click()
  Text1.Text = ""
  Text2.Text = ""
End Sub

Private Sub Command4_Click()
  End
End Sub
```

笔记：（请记录注意事项、纠错过程、经典代码等内容）

实验四 使用对象参数

【实验内容】
编写一个能够在不同对象（窗体、图片框）上画出给定行数的正三角形数字图案的程序。

【实验指导】
添加一个标准模块 Module1，在模块中自定义过程 triangle，有两个形参 n 和 ob，n 用于传递行数，ob 是一个对象参数，因为 ob 可以接受窗体也可以接受图片框，所以应定义为 Object 类型。

【界面设计】
在窗体右侧添加一个图片框 Picture1，如图 6-7 所示，单击按钮"输出到窗体"将图案输出到窗体；单击按钮"输出到图片框"将图案输出到 Picture1 中。

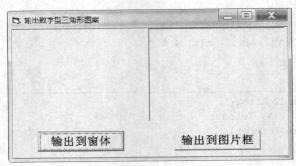

图 6-7 界面设计

【代码设计】
标准模块 Module1 中的代码：
```
Sub triangle(n As Integer, ob As Object)
   Dim i As Integer, j As Integer, k As String
   For i = 1 To n
      ob.Print Tab(10 - i);
      k = i
      For j = 1 To 2 * i - 1
         ob.Print k;
      Next j
      ob.Print
   Next i
End Sub
```
窗体 Form1 中的代码：
```
Private Sub Command1_Click()
   Dim n As Integer
   n = InputBox("请输入行数", "请输入")
   triangle n, Form1
End Sub

Private Sub Command2_Click()
   Dim n As Integer
   n = InputBox("请输入行数", "请输入")
   triangle n, Picture1
End Sub
```

笔记：（请记录注意事项、纠错过程、经典代码等内容）

第7章 常用内部控件

【实验目的】

1. 掌握单选按钮、复选按钮、框架、列表框、组合框、图片框、图像框、定时器和滚动条的属性、事件和方法。
2. 掌握容器控件框架和图片框的添加方法及应用。

7.1 基础型实验

实验一 设置文本字体、字号和效果

【实验内容】

设计一个程序运用单选按钮、复选框和框架对文本框中文本的字体、字号、颜色、效果和对齐方式进行设置。要求：文本的字体可选择宋体、楷体和黑体；文本的字号可以选择12、18、24；文本的颜色可选择红色、绿色和蓝色；效果包可设置加粗、删除线和下划线；对齐方式可设置左对齐、右对齐和居中。当文本框中输入文字后，单击某个按钮，文本框中的文字将按所选择的选项进行设置。

【实验指导】

1. 文本框的对齐方式、字体、字号和字的颜色均为单选，所以均需要一组单选按钮。字的加粗、倾斜和加下划线可多选，所以用一组复选框来实现。

2. 将对齐方式一组单选按钮和加粗、倾斜、下划线一组复选框放置在文本框的上方，设它们的style属性为1，使它们均呈按钮形式并加载相应图片。图片路径：C:\Program Files (x86)\Microsoft Visual Studio\Common\Graphics\Bitmaps\TlBr_W95。

3. 为了简化代码，使代码更加紧凑，可以将"字体""字号"和"颜色"三组按钮设置为控件数组。

【界面设计】

界面设计如图7-1所示。

图7-1 界面设计

【代码设计】

设置文本颜色：

```
Private Sub optcolor_Click(Index As Integer)
    If Index = 0 Then
```

```
      Text1.ForeColor = vbRed
   ElseIf Index = 1 Then
      Text1.ForeColor = vbGreen
   ElseIf Index = 2 Then
      Text1.ForeColor = vbBlue
   End If
End Sub
```

设置文本字体：

```
Private Sub optfont_Click(Index As Integer)
   If Index = 0 Then
      Text1.FontName = "宋体"
   ElseIf Index = 1 Then
      Text1.FontName = "楷体"
   ElseIf Index = 2 Then
      Text1.FontName = "黑体"
   End If
End Sub
```

设置文本字号：

```
Private Sub optsize_Click(Index As Integer)
   If Index = 0 Then
      Text1.FontSize = 12
   ElseIf Index = 1 Then
      Text1.FontSize = 18
   ElseIf Index = 2 Then
      Text1.FontSize = 24
   End If
End Sub
```

设置文本左对齐：

```
Private Sub optleft_Click()
   Text1.Alignment = 0
End Sub
```

设置文本右对齐：

```
Private Sub optmid_Click()
   Text1.Alignment = 2
End Sub
```

设置文本居中：

```
Private Sub optright_Click()
   Text1.Alignment = 1
End Sub
```

设置文本加粗：

```
Private Sub chkbold_Click()
   If chkbold.Value = 1 Then
      Text1.FontBold = True
   Else
      Text1.FontBold = False
```

```
    End If
End Sub
```

设置文本倾斜：

```
Private Sub chkitatic_Click()
If chkitatic.Value = 1 Then
    Text1.FontItalic = True
  Else
    Text1.FontItalic = False
  End If
End Sub
```

设置文本下划线：

```
Private Sub chkunderline_Click()
If chkunderline.Value = 1 Then
    Text1.FontUnderline = True
  Else
    Text1.FontUnderline = False
  End If
End Sub
```

✎笔记：（请记录注意事项、纠错过程、经典代码等内容）

实验二　游戏管理

【实验内容】

使用列表框列出自己喜欢的游戏。可以添加新的游戏到列表中，当添加的游戏已在列表中时，提示用户"游戏已在列表中"不予添加。使用命令按钮实现游戏的"添加""删除""查找""清空"等功能。

【实验指导】

运行程序，单击"添加"按钮时，弹出输入框，在输入框中输入要添加的游戏，单击输入框中"确定"按钮，如果列表中没有该游戏，则添加到列表框；如果列表框中已有该游戏，则弹出消息框，提示用户"游戏已在列表中"，并选中已存在的游戏。

【界面设计】

界面设计如图 7-2 所示。在窗体上添加一个列表框 List1 和四个命令按钮。

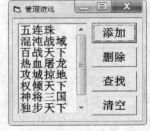

图 7-2　界面设计

【代码设计】

"添加"按钮代码：

```
Private Sub Cmdadd_Click()
   Dim i As Integer, m As String
   m = InputBox("请输入要添加的游戏")
   For i = 0 To List1.ListCount - 1
```

```
        If List1.List(i) = m Then
            MsgBox "游戏已在列表中"
            List1.Selected(i) = True
            Exit Sub
        End If
    Next i
    List1.AddItem m
End Sub
```

"删除"按钮代码：

```
Private Sub Cmddelete_Click()
    If List1.ListIndex = -1 Then
        MsgBox "请选中要删除的列表项"
    Else
        List1.RemoveItem List1.ListIndex
    End If
End Sub
```

"查找"按钮代码：

```
Private Sub Cmdfind_Click()
    Dim s As String
    s = InputBox("请输入要查找的游戏")
    For i = 0 To List1.ListCount - 1
      If s = List1.List(i) Then List1.Selected(i) = True: Exit Sub
    Next i
    MsgBox "没有该款游戏"
End Sub
```

"清空"按钮代码：

```
Private Sub Cmdclear_Click()
    List1.Clear
End Sub
```

运行时向 List1 中添加游戏：

```
Private Sub Form_Load()
        List1.AddItem "五连珠"
        List1.AddItem "混沌战域"
        List1.AddItem "百战天下"
        List1.AddItem "热血屠龙"
        List1.AddItem "攻城掠地"
        List1.AddItem "权倾天下"
        List1.AddItem "神将三国"
        List1.AddItem "独步天下"
        List1.AddItem "够级"
End Sub
```

✎ 笔记：（请记录注意事项、纠错过程、经典代码等内容）

实验三　使用组合框实现列表的管理

【实验内容】

编写一个为组合框添加或删除内容的程序，要求如下。

1. 在组合框中输入内容后，单击"添加"按钮，如果列表框中没有该内容，则将输入内容加入到列表框中，否则不添加。另外，要求组合框中的内容能自动按字典序排列。
2. 在列表框中选择某一选项后，单击"删除"按钮，删除选中的项。
3. 单击"清除"按钮，清除列表框中所有的内容。
4. 单击"结束"按钮结束程序运行。

【实验指导】

在添加数据时，首先获得组合框中列表项的总项数，然后取组合框的每一列表项与新输入的数据进行比较，如果找到一项与新数据相同，则弹出消息框提示用户新输入数据和已有数据重复并退出程序即可。如果没有找到相同的项，则将新数据作为列表项添加到组合框中。

注意将组合框的 Sorted 属性设置为 True，使新添加的项根据字典序添加到相应的位置。

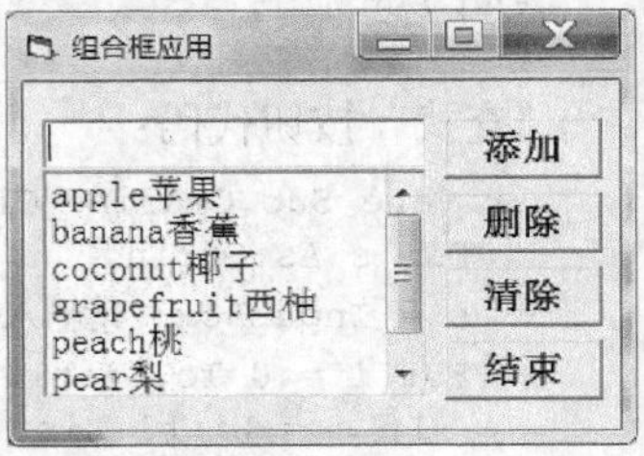

【界面设计】

界面设计如图 7-3 所示。在窗体上添加一个组合框 Combo1，四个命令按钮，它们的标题如图所示。

图 7-3　界面设计

【代码设计】

"添加"按钮代码：

```
Private Sub Cmdadd_Click()
Dim i As Integer, n As Integer
n = Combo1.ListCount
For i = 0 To n - 1
  If Combo1.List(i) = Combo1.Text Then
    MsgBox "列表项已存在，不能重复添加"
    Exit Sub
  End If
Next i
  Combo1.AddItem Combo1.Text
End Sub
```

"清除"按钮代码：

```
Private Sub Cmdclear_Click()
Combo1.Clear
End Sub
```

"删除"按钮代码：

```
Private Sub Cmddelete_Click()
If Combo1.ListIndex = -1 Then
  MsgBox "请选中要删除的列表项"
Else
  Combo1.RemoveItem Combo1.ListIndex
End If
```

```
End Sub

Private Sub Form_Load()
Show
Combo1.SetFocus
End Sub
```

> **笔记：**（请记录注意事项、纠错过程、经典代码等内容）

实验四 滚动字幕设计

【实验内容】

设计一个程序实现滚动字幕。当单击"开始"按钮时，字幕"天高任鸟飞"开始在窗体范围内左右循环滚动；当单击"停止"按钮时，字幕停止；当单击"结束"时，程序结束。

【实验指导】

窗体上添加一文本框，将文本框的背景设置为透明，文本框的标题设置为"天高任鸟飞"。使用定时器控件，连续改变文本框的 Left 属性值，即实现字幕的左右滚动。

用一标志变量 p 表示标签的运行方向。若规定 p=0 时，标签向左移动，则可用 p=1 表示标签向右移动。在标签的移动过程中，若标签的左边缘与窗体的左边缘重合或已超出了窗体的左边缘，这时改变 p 的值，即改变标签的滚动方向。到达窗体右边缘时类似。

【界面设计】

界面设计如图 7-4 所示。窗体上添加一个文本框和三个命令按钮。

图 7-4 界面设计

【代码设计】

```vb
Dim p As Byte                      ' 在"通用"-"声明"中定义模块级变量p

Private Sub cmdStart_Click()
  Timer1.Enabled = True
  p = 0                            ' 设标签先向左移动
End Sub

Private Sub cmdStop_Click()
  Timer1.Enabled = False
End Sub

Private Sub cmdEnd_Click()
  End
End Sub

Private Sub Timer1_Timer()
  If p = 0 Then
    Label1.Left = Label1.Left - 500          ' p=0 时标签向左移动
  ElseIf p = 1 Then
    Label1.Left = Label1.Left + 500          ' p=1 时标签向右移动
  End If

  If Label1.Left <= 0 Then
    p = 1                                    ' 到达窗体左边缘时，将标签变为向右移动
  ElseIf Label1.Left + Label1.Width >= Form1.Width Then
    p = 0                                    ' 到达窗体右边缘时，将标签变为向左移动
  End If
End Sub

Private Sub cmdEnd_Click()
  End
End Sub
```

笔记：（请记录注意事项、纠错过程、经典代码等内容）

7.2 提高型实验

实验 图像缩放

【实验内容】

利用定时器、图像框和滚动条设计简单动画。窗体上放置一个图像框，并加载一幅图像，添

加一定时器控件控制图像的移动；添加一滚动条控制图像移动的速度；添加两个命令按钮控制图像移动的开始和停止，单击"缩小"按钮，图像向中心位置逐渐缩小，当缩小到一定程度时变回原大。

【实验指导】

要实现图片向中心位置缩小，使其高度 Width、高度 Height、左边距 Left、上边距 Top 同步按比例变化即可。Width、Height、Left 和 Top 的值可以在 Form_Load 事件过程中用变量进行记录，在变回原大小时引用。

【界面设计】

界面设计如图 7-5 所示。

图 7-5　界面设计

【代码设计】

在"通用"—"声明"中定义模块级变量 h、w、l、t：

```
Dim h As Integer, w As Integer, l As Integer, t As Integer

Private Sub Form_Load()
    h = Image1.Height          '运行时记录图片框的高度
    w = Image1.Width           '运行时记录图片框的宽度
    l = Image1.Left            '运行时记录图片框到窗体的左边距
    t = Image1.Top             '运行时记录图片框到窗体的上边距
    Image1.Stretch = True      '让图片缩放以适应图像框的大小
    Timer1.Enabled = False
    Timer1.Interval = 500
End Sub

Private Sub Command1_Click()
Timer1.Enabled = True
End Sub

Private Sub Command2_Click()
    Timer1.Enabled = False
End Sub

Private Sub Timer1_Timer()
   If Image1.Height < 100 Or Image1.Width < 100 Then
       Image1.Height = h: Image1.Width = w
       Image1.Left = l
       Image1.Top = t
   Else
       Image1.Height = Image1.Height - h / 40    '高度按比例缩小
       Image1.Width = Image1.Width - w / 40
       Image1.Left = Image1.Left + h / 80
       Image1.Top = Image1.Top + w / 80
   End If
End Sub

Private Sub HScroll1_Change()
    Timer1.Interval = 1000 - HScroll1.Value
End Sub
```

笔记：（请记录注意事项、纠错过程、经典代码等内容）

第 8 章 用户界面设计

【实验目的】
1. 掌握下拉菜单、弹出式菜单的设计方法。
2. 掌握通用对话框的使用,掌握自定义对话框的设计方法。
3. 掌握多窗体的相关操作及使用方法。

8.1 基础型实验

【实验内容】
利用本章介绍的菜单、通用对话框、多窗体设计一个照片浏览与评价程序,运行主界面如图 8-1 所示。程序要求完成如下功能。

图 8-1 主界面

1. 执行【照片】菜单中的【打开……】、【移除】命令,可实现图像文件的打开和清除,打开的图像显示在图像框中。

2. 用户可以对照片进行评价,"评价"下拉菜单如图 8-2 所示,执行【评论】菜单中的【添加评论……】命令,将调用自定义的对话框"用户评价",如图 8-3 所示。当用户填好评价后,单击"确定"按钮,评论内容及评论人的信息出现在程序主界面的文本框中。单击"取消"按钮将回到主界面。

3. 【评论】菜单中的【清除评论】、【字体】、【颜色】等菜单项可以实现对用户填写的评论进行删除、字体和颜色设置。

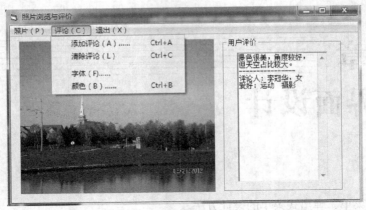

图 8-2 "评价"下拉菜单内容

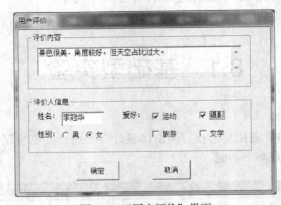

图 8-3 "用户评价"界面

【实验指导】

1. 创建一个工程，该工程会自动创建一个窗体 Form1，该窗体可用来作主界面；添加一个新的窗体 Form2，该窗体用来作用户评价界面。

2. 在窗体 Form1 上，根据表 8-1 设计主界面。

表 8-1　　　　　　　　　　　　Form1 及各控件属性设置

对象	属性名	设置属性值
窗体 Form	名称（Name）	Form1
	Caption	照片浏览与评价
图象框 Image	名称（Name）	Image1
框架 Frame	名称（Name）	Frame1
	Caption	用户评价
文本框 Text	名称（Name）	txtInfo
	MultiLine	True
	ScollBars	2

3. 使用"菜单编辑器"，根据表 8-2 设计主界面菜单。

表 8-2　　　　　　　　　　　　　各菜单项的属性设置

菜单级别	标题	名称	内缩符号	热键或快捷键
主菜单	照片（&P）	mnuPhoto	无	P
……子菜单	打开（&O）……	mnuOpen	1	O
……子菜单	移除（&R）	mnuRemove	1	R
主菜单	评论（&C）	mnuComment	无	B
……子菜单	添加评论（&A）……	mnuCmtAdd	1	A，Ctrl+A
……子菜单	清除评论（&L）	mnuCmtClear	1	L，Ctrl+C
……子菜单	-	mnuLine	1	无
……子菜单	字体（&F）	mnuFont	1	F
……子菜单	颜色（&B）	mnuColor	1	B，Ctrl+B
主菜单	退出（&X）	mnuExit	无	X

4. 在窗体 Form2 上，根据表 8-3 设计用户评价界面。

表 8-3　　　　　　　　　　　Form2 及各控件属性设置

对象	属性名	设置属性值
窗体 Form	名称（Name）	Form2
	Caption	用户评价
框架 Frame	名称（Name）	Frame1
	Caption	评价内容
框架 Frame	名称（Name）	Frame1
	Caption	评价人信息
文本框 Text	名称（Name）	txtCmt
	MultiLine	True
	ScollBars	2
文本框 Text	名称（Name）	txtName
复选框 Check	名称（Name）	Check1
	Caption	运动
复选框 Check	名称（Name）	Check2
	Caption	摄影
复选框 Check	名称（Name）	Check3
	Caption	旅游
复选框 Check	名称（Name）	Check4
	Caption	文学
单选按钮 Option	名称（Name）	Option1
	Caption	男
	Value	False
单选按钮 Option	名称（Name）	Option2
	Caption	女
	Value	True

【代码设计】

主界面 Form1 的代码：

```vb
Private Sub mnuCmtAdd_Click()
'"添加评价"菜单项代码，完成自定义对话框"用户评价"的装载
Form2.Show
End Sub

Private Sub mnuCmtClear_Click()
'"清除评价"菜单项代码，完成用户评价内容的删除
    txtInfo = ""
End Sub

Private Sub mnuColor_Click()
'"颜色"菜单项代码，完成用户评价文本框中文字颜色的设置
    cdl1.ShowColor
    txtInfo.ForeColor = cdl1.Color
End Sub

Private Sub mnuExit_Click()
    End
End Sub

'"字体"菜单项代码，完成用户评价文本框中字体的设置
Private Sub mnuFont_Click()
    cdl1.Flags = cdlCFBoth Or cdlCFEffects
    cdl1.ShowFont
    txtInfo.FontName = cdl1.FontName
    txtInfo.FontSize = cdl1.FontSize
    txtInfo.FontBold = cdl1.FontBold
    txtInfo.FontUnderline = cdl1.FontUnderline
    txtInfo.FontStrikethru = cdl1.FontStrikethru
    txtInfo.FontItalic = cdl1.FontItalic
End Sub

'"打开"菜单项代码，完成照片加载到图像框中
Private Sub mnuOpen_Click()
    cdl1.InitDir = App.Path
    cdl1.Filter = "GIF 图像|*.gif|JPEG 图像|*.jpg|BMP 图像|*.bmp|所有文件（*.*）|*.*"
    cdl1.FilterIndex = 2
    cdl1.ShowOpen
    Image1.Picture = LoadPicture(cdl1.FileName)
End Sub

'"移除"菜单项代码，完成照片的移除
Private Sub mnuRemove_Click()
    Image1.Picture = LoadPicture()
End Sub
```

自定义对话框"用户评价"Form2 的代码：

```vb
Private Sub cmdCancel_Click()
    Unload Me
End Sub
```

```
Private Sub cmdOK_Click()
    Dim userInfo As String            '用来保存评价人的信息
    userInfo = "评论人: " & txtName & ", "
    If Option1.Value = True Then
        userInfo = userInfo & "男"
    Else
        userInfo = userInfo & "女"
    End If
    userInfo = userInfo & vbCrLf & "爱好: "
    If Check1.Value = 1 Then userInfo = userInfo & "运动  "
    If Check2.Value = 1 Then userInfo = userInfo & "摄影  "
    If Check3.Value = 1 Then userInfo = userInfo & "旅游  "
    If Check4.Value = 1 Then userInfo = userInfo & "文学  "
    '将评价内容和评价人信息在主界面中的文本框中显示
    Form1.txtInfo = txtCmt & vbCrLf & "----------------" & vbCrLf & userInfo
    Unload Me
End Sub
```

8.2 提高型实验

实验一 自定义对话框的优化

自定义对话框在设计时应考虑如何方便用户使用，如何提高用户的操作效率，如何为用户的输入提供参考和纠错等优化处理。

1. Tab 顺序设置

Tab 键常用来在对话框中快速移动焦点，只有获得焦点的控件才能响应键盘的操作。在创建对话框时，窗体上的控件根据创建的先后顺序，系统会自动给每个控件的 TabIndex 属性分配一个值，分别为 0,1,2…。运行时，窗体上的控件根据该属性值响应 Tab 键。为方便用户使用，可设置控件的 TabIndex 属性值满足用户的需求。

例如可将教材【例 8-7】中需要响应键盘操作的控件的 TabIndex 属性设置如下。

txtUser	txtPassword	txtPasswordConfirm	optMale	optFemale
0	1	2	3	4
txtBirthday	txtTel	txtAdress	cmdOK	cmdCancel
5	6	7	8	9

2. 获得焦点

在文本框中输入数据时，当输入完毕按回车键时，往往希望焦点自动跳到下一个输入框中，这样可提高用户输入效率。如教材【例 8-7】中，当在用户名输入框中输入完毕按回车键后，希望将焦点定位在密码的输入框中，那么可以通过如下代码来实现。

```
Private Sub txtUser_KeyPress(KeyAscii As Integer)
    If KeyAscii = 13 Then txtPassword.SetFocus    '13 为回车键的 ASCII 码值
End Sub
```

3. 数据输入预处理

为了方便用户多次输入数据，可以在输入数据的文本框获得焦点时，自动选择其中的数据，让用户输入的新内容覆盖旧内容，而无需鼠标操作或键盘删除。如教材【例 8-7】中，当用户名需要重新输入时，可在用户名的输入框获得焦点时，选中输入框中的内容，如图 8-4 所示，让新的输入覆盖旧的输入，提高输入效率。

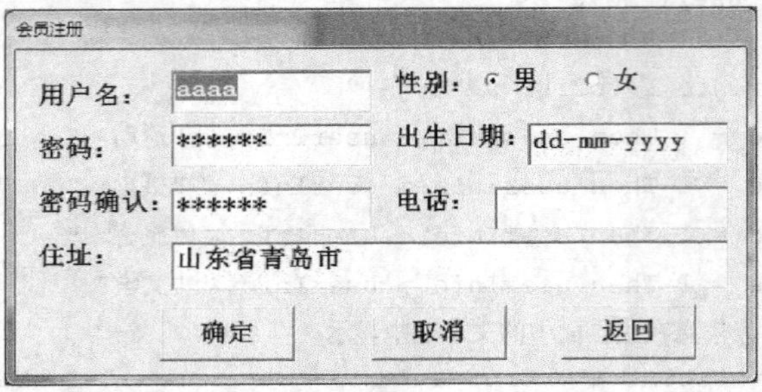

图 8-4 教材【例 8-7】界面

该功能可通过如下代码来实现。

```
Private Sub txtUser_GotFocus()
    txtUser.SelStart = 0
    txtUser.SelLength = Len(txtUser.Text)
End Sub
```

另外，为了给用户提供可参考的输入内容或默认值，可在窗体的 Load 事件中设置一些控件的初始值。图 8-4 所示的初始值设置可采用如下代码实现。

```
Private Sub Form_Load()
    txtUser.Text = "aaaa"
    optMale.Value = True
    txtPassword.Text = "000000"
    txtPasswordConfirm.Text = "000000"
    txtBirthday.Text = "dd-mm-yyyy"
    txtAddress.Text = "山东省青岛市"
End Sub
```

4. 数据有效性验证

为了保证用户输入数据的有效性，可在用户输入数据时限定用户可输入的字符，如在电话号码输入框中限定只能输入 0～9 的数字，则可采用如下代码实现。

```
Private Sub txtTel_KeyPress(KeyAscii As Integer)
    If KeyAscii = 13 Then
        txtAddress.SetFocus
    Else
        If KeyAscii < 48 Or KeyAscii > 57 Then KeyAscii = 0
    End If
End Sub
```

✎ 笔记：（请记录注意事项、纠错过程、经典代码等内容）

实验二　基于富文本框的高级文本编辑器的设计

【实验内容】

设计一个高级文本编辑器，如图 8-5 所示。该文本编辑器可实现：
1. 文本文件的打开、保存。
2. 对选中的文本内容进行编辑，如复制、剪切、粘贴、删除等。
3. 对选中的文本进行格式处理，如字体、颜色、段落的对齐方式等。
4. 查找、替换功能。
5. 在富文本框 RText1 上单击鼠标右键时，弹出"格式"快捷菜单，如图 8-6 所示。

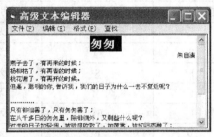
图 8-5　高级文本编辑器主界面

图 8-6　弹出式"格式"菜单

【实验指导】

富文本框（Rich TextBox）不仅支持普通的文本格式，而且支持富文本格式（RTF）文本，即支持多种格式的变化，如可对选中的文本进行字体设置、颜色设置、对齐方式设置等。而文本框（TextBox）只支持普通的文本格式。为了实现实验内容的要求，就需要使用富文本框。富文本框是一个外部控件，在使用前必须先将它添加到工具箱中。

实验步骤如下。

1. 主界面设计。由于在主界面需要用到"富文本框"和"通用对话框"，首先将外部控件"富文本框"和"通用对话框"添加到工具箱中。具体操作：打开"工程"菜单中的"部件"命令，在"部件"选项卡中找到"Microsoft Rich Textbox Control"和"Microsoft Common Dialog Control 6.0"，单击其左端的复选框，然后单击"确定"按钮，如图 8-7 所示。此时，"富文本框"和"通用对话框"控件就被加入到了工具箱中，如图 8-8 所示。

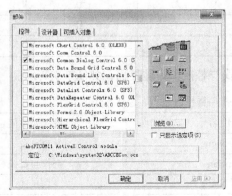
图 8-7　添加外部控件

图 8-8　添加外部控件

2. 在窗体 Form1 上，根据表 8-4 设计主界面。

表 8-4　　　　　　　　　　　　Form1 及各控件属性设置

对象	属性名	设置属性值
窗体 Form	名称（Name）	Form1
	Caption	高级文本编辑器
富文本框 Rich Textbox	名称（Name）	RText1
通用对话框 CommonDialog	名称（Name）	Cdl1

3. 主界面菜单设计。使用"菜单编辑器"，根据表 8-5 设计主界面菜单。

表 8-5　　　　　　　　　　　　各菜单项的属性设置

菜单级别	标题	名称	内缩符号	热键或快捷键	索引值
主菜单	文件（&F）	mnuFile	无	F	无
……子菜单	打开（&O）……	mnuOpen	1	O	无
……子菜单	保存（&S）……	mnuSave	1	S	无
……子菜单	-	mnuLine1	1	无	无
……子菜单	退出	mnuExit	1	F1	无
主菜单	编辑（&E）	mnuEdit	无	E	无
……子菜单	复制（&C）……	mnuCopy	1	A，Ctrl+C	无
……子菜单	剪切（&C）	mnuCut	1	C，Ctrl+X	无
……子菜单	粘贴（&P）	mnuPaste	1	P，Ctrl+V	无
……子菜单	删除（&D）	mnuDelete	1	D，Del	无
主菜单	格式（&P）	mnuPattern	无	P	无
……子菜单	字体（&F）	mnuFont	1	F	无
……子菜单	颜色（&B）	mnuColor	1	B，Ctrl+B	无
……子菜单	-	mnuLine2	1	无	无
……子菜单	对齐方式	mnuAlign	1	无	无
……子菜单	居左	mnuAlignment	2	无	1
……子菜单	居右	mnuAlignment	2	无	2
……子菜单	居中	mnuAlignment	2	无	3
主菜单	查找	mnuSearch	无	无	无
……子菜单	查找……	mnuSearchOnly	1	无	无
……子菜单	替换……	mnuReplace	1	无	无

4. 添加窗体 Form2，根据表 8-6 设计"查找与替换"窗体界面，如图 8-9 所示。

表 8-6　　　　　　　　　　　　Form2 及各控件属性设置

对象	属性名	设置属性值
窗体 Form	名称（Name）	Dialog
	Caption	查找与替换
标签 Label	名称（Name）	Label1
	Caption	查找内容

续表

对象	属性名	设置属性值
标签 Label	名称（Name）	Label2
	Caption	替换内容
文本框 Text	名称（Name）	Text1
	Text	空
文本框 Text	名称（Name）	Text2
	Text	空
命令按钮 CommandButton	名称（Name）	OKButton
	Caption	确定
命令按钮 CommandButton	名称（Name）	CancelButton
	Caption	取消

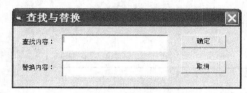

图 8-9 "查找与替换"界面设计

5. 为了实现不同窗体间数据的使用，添加标准模块 Module1。

【代码设计】

标准模块代码设计：

```
Public s1 As String, s2 As String    ' 用来存储"查找与替换"窗体模块中的文本内容
```

主界面窗体模块代码设计：

```
Option Explicit
Dim s As String


Private Sub Form_Load()
    RText1.TextRTF = ""         ' 清空富文本框 RText1 中的文本内容
End Sub


' 将富文本框中的文本内容保存到指定的文件中
Private Sub mnuSave_Click()
    Cdl1.ShowSave
    RText1.SaveFile (Cdl1.FileName)
End Sub


' 将指定的文本文件内容添加到富文本框中
Private Sub mnuOpen_Click()
    Cdl1.ShowOpen
    RText1.LoadFile Cdl1.FileName
End Sub


' 对选中的文本进行字体颜色设置
```

103

```vb
Private Sub mnuColor_Click()
    Cdl1.ShowColor
    RText1.SelColor = Cdl1.Color
End Sub
```

' 文本复制
```vb
Private Sub mnuCopy_Click()
    s = RText1.SelRTF            ' SelRTF 属性表示在富文本框中选中的内容
End Sub
```

' 文本剪切
```vb
Private Sub mnuCut_Click()
    s = RText1.SelRTF
RText1.SelRTF = ""
End Sub
```

' 文本粘贴
```vb
Private Sub mnuPaste_Click()
    RText1.SelRTF = s
End Sub
```

' 文本删除
```vb
Private Sub mnuDelete_Click()
    RText1.SelRTF = ""
End Sub
```

' 退出应用程序
```vb
Private Sub mnuExit_Click()
    End
End Sub
```

' 对选中的文本进行字体格式设置，包括字体、字号、粗体、斜体、下划线、删除线等
```vb
Private Sub mnuFont_Click()
    Cdl1.Flags = cdlCFBoth Or cdlCFEffects
    Cdl1.ShowFont
    RText1.SelFontName = Cdl1.FontName
    RText1.SelFontSize = Cdl1.FontSize
    RText1.SelBold = Cdl1.FontBold
    RText1.SelItalic = Cdl1.FontItalic
    RText1.SelUnderline = Cdl1.FontUnderline
    RText1.SelStrikeThru = Cdl1.FontStrikethru
End Sub
```

' 对选中的文本段落进行对齐方式的设置，采用控件数组的方式实现
```vb
Private Sub mnuAlignment_Click(Index As Integer)
    Select Case Index
        Case 1: RText1.SelAlignment = vbLeftJustify
        Case 2: RText1.SelAlignment = vbRightJustify
        Case 3: RText1.SelAlignment = vbCenter
    End Select
End Sub
```

第 8 章 用户界面设计

```
' 装载"查找与替换"窗体,查找指定的文本
Private Sub mnuSearchOnly_Click()
    Dialog.Show vbModal
    RText1.SelStart = RText1.Find(s1)
    If RText1.SelStart = -1 Then
        MsgBox "没有找到"
    End If
End Sub
```

```
' 装载"查找与替换"窗体,查找指定的文本并替换文本内容
Private Sub mnuReplace_Click()
    Dialog.Show vbModal
    RText1.SelStart = RText1.Find(s1)
    If RText1.SelStart = -1 Then
        MsgBox "没有找到"
    Else
        RText1.Span (s1)
        RText1.SelRTF = s2
    End If
End Sub
```

```
' 在富文本框 RText1 上单击鼠标右键时,弹出"格式"快捷菜单
Private Sub RText1_MouseDown(Button As Integer, Shift As Integer, x As Single, y As Single)
    If Button = 2 Then PopupMenu mnuPattern
End Sub
```

"查找与替换"窗体模块代码设计:

```
Private Sub OKButton_Click()
    s1 = Trim(Text1.Text)
    s2 = Trim(Text2.Text)
    Dialog.Hide
End Sub
```

✎ 笔记:(请记录注意事项、纠错过程、经典代码等内容)

第 9 章 文件

【实验目的】
1. 掌握建立顺序文件的方法，以及读数据、写数据的方法，并能对其数据进行修改、追加、删除等操作。
2. 掌握建立随机文件的方法，以及读数据、写数据的方法，并能对其数据进行修改、追加、删除等操作。
3. 学会运用与文件操作相关的函数和语句。

实验一　信息存储问题

【实验内容】
在存放源程序的文件夹中创建一个文件（文件名为 xinxi.txt），将文本框中的信息存入文件，并能够将文件信息在文本框中显示。

【实验指导】
1. 使用相对路径 App.Path 形式建立一个文本文件 "xinxi.txt"。
2. 文件打开命令 Open，文件关闭命令 Close。

【界面设计】
界面设计及运行结果如图 9-1 所示。界面操作方法如下。

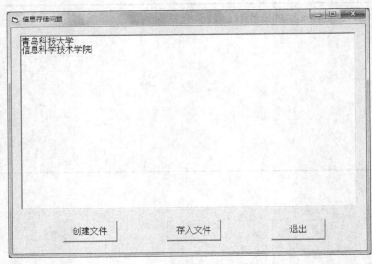

图 9-1　界面设计及运行结果

1. 首先保存源程序文件到一个文件夹中，单击"创建文件"按钮，在源程序文件夹中创建一个存储文本内容的文本文件。

2. 单击"存入文件"按钮，文本框中的内容将写入创建好的文本文件中，并将文本框中的内容清空。

【主要属性】

表 9-1　　　　　　　　　　　Form1 及各控件属性设置

控件名	属性名	属性值
Form1	Caption	信息存储问题
Text1	Text	（清除）
	MultiLine	True
Command1	Caption	创建文件
Command2	Caption	存入文件
Command3	Caption	退出

【代码设计】

```
Option Explicit
Private Sub Command1_Click()
  Open _____ For Output As #1    '创建文本文件
  Close #1
End Sub


Private Sub Command2_Click()
    Open App.Path & "\xinxi.txt" For Append As #1
    _____          '文本内容写入 xinxi.txt 中
    Close #1
    Text1.Text = ""
End Sub

Private Sub Command3_Click()
    End
End Sub
```

小贴士

➢ 为了方便用户对所操作文件的使用，请使用相对路径形式 App.Path 来定义所操作文件的路径。

➢ 文件操作结束后，请使用 Close 命令关闭文件通道。

✎ 笔记：（请记录注意事项、纠错过程、经典代码等内容）

实验二　信息处理问题

【实验内容】

从 stu1.dat 中读出某班级学生姓名和成绩组合的一段文本到文本框中，信息如下。

张鹏,75,王明,97,李玲,90,张涛,68,徐海东,82,刘柳,77,胡亦非,71,曲欣,86

请将其按照分数从高到低重新排列在文本框中，显示后写入 stu2.dat。

【实验指导】

顺序文件读取数据建议使用循环结构 Do While Not EOF(1)…LOOP，其中 EOF（1）中的 1 表示顺序文件打开时所在的文件通道号。

【界面设计】

界面设计及运行结果如图 9-2 所示。

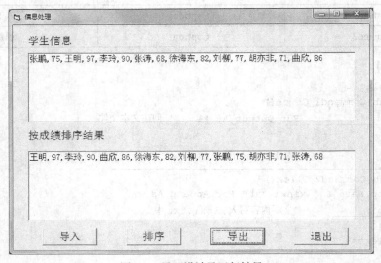

图 9-2　界面设计及运行结果

1. 先在保存好的源程序文件所在文件夹中创建文件 stu1.dat，录入并保存信息"张鹏,75,王明,97,李玲,90,张涛,68,徐海东,82,刘柳,77,胡亦非,71,曲欣,86"。
2. 单击"导入"按钮，从 stu1.dat 文件中导入信息。
3. 单击"排序"按钮，实现信息按照成绩的排序，并将结果显示出来。
4. 单击"导出"按钮，将排序结果导出到 stu2.dat 文件中。

【主要属性】

表 9-2　　　　　　　　　　　Form1 及各控件属性设置

控件名	属性名	属性值
Form1	Caption	信息处理
Label1	Caption	学生信息
Label2	Caption	按成绩排序
Text1	Text	（清除）
Text2	Text	（清除）
Command1	Caption	导入

控件名	属性名	属性值
Command2	Caption	排序
Command3	Caption	导出
Command4	Caption	退出

【代码设计】

```
Dim A() As String, B() As String, C() As Integer
Dim n%, i%, p%
Private Sub Command1_Click()
    Dim word As String
    Open App.Path & "\stu1.dat" For Input As #1
    Do While Not EOF(1)              '将stu1.dat中信息导入Text1中
        _____
        Text1.Text = Text1.Text + word
    Loop
    Close #1
End Sub

Private Sub Command2_Click()
    Dim j As Integer, q As String
    A = Split(Text1.Text, ",")
    n = (UBound(A) - 1) \ 2
    ReDim B(n) As String, C(n) As Integer
    For i = 0 To n                  '拆分带有字符和数值的数组A
        B(i) = A(2 * i)
        C(i) = Val(A(2 * i + 1))
    Next i
    For i = 0 To n                  '使用选择交换法排序
        p = i
        For j = i + 1 To n
            If C(j) > C(p) Then p = j
        Next j
        If p <> i Then
            t = C(i): C(i) = C(p): C(p) = t
            q = B(i): B(i) = B(p): B(p) = q
        End If
    Next i
    For i = 0 To n   '重新组合字符和数值的数组赋给A数组
        A(2 * i + 1) = C(i)
        A(2 * i) = B(i)
    Next i
    Text2.Text = Join(A, ",")
End Sub

Private Sub Command3_Click()
    _____            '将排序结果导入stu2.dat文件中
    Print #1, Text2.Text
    Close #1
End Sub

Private Sub Command4_Click()
    End
End Sub
```

✏笔记：（请记录注意事项、纠错过程、经典代码等内容）

实验三　学生信息管理

【实验内容】

使用随机存取文件形式将学生信息［学号（10位）、姓名、年龄、电话号码（11位）］添加到文件中，通过文件导出形式在列表框中显示，并能实现删除文件的功能。

【实验指导】

1. 随机存取文件中通常采用用户自定义类型来定义记录中多个数据项，对文件记录的处理实际上是对用户自定义变量的读写操作过程。

2. 随机文件中的记录与列表框中的列表项是一一对应关系。

3. 删除文件使用 Kill 函数实现。

【界面设计】

界面设计及运行结果如图 9-3 所示。

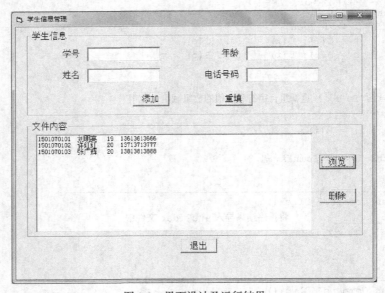

图 9-3　界面设计及运行结果

【主要属性】

表 9-3　　　　　　　　　　　　Form1 及各控件属性设置

控件名	属性名	属性值
Form1	Caption	学生信息管理
Frame1	Caption	学生信息
Frame2	Caption	文件内容
Label1	Caption	学号
Label2	Caption	姓名
Label4	Caption	年龄
Label5	Caption	电话号码
List1	List	（清除）
Text1	Text	（清除）
Text2	Text	（清除）
Text3	Text	（清除）
Text4	Text	（清除）
Command1	Caption	添加
Command2	Caption	重填
Command3	Caption	浏览
Command4	Caption	删除
Command5	Caption	退出

【代码设计】

```
Option Explicit
Private Type xxgl
  xh As String * 10
  xm As String * 6
  nl As Integer
  dh As String * 11
End Type
Dim xsxx As xxgl
Dim lastrec As Integer, rec As String
Dim i As Integer

Private Sub Command1_Click()
With xsxx
   .xh = Text1.Text
   .xm = Text2.Text
   .nl = Text3.Text
   .dh = Text4.Text
End With
Open App.Path & "\xsdata.txt" For Random As #1 Len = Len(xsxx)
_____          ' 计算记录数
Put #1, lastrec + 1, xsxx
rec = xsxx.xh & " " & xsxx.xm & " " & xsxx.nl & " " & xsxx.dh
Close #1
Text1 = "": Text2 = "": Text3 = "": Text4 = ""
```

```
        Text1.SetFocus
        End Sub

        Private Sub Command2_Click()
        Text1 = "": Text2 = "": Text3 = "": Text4 = ""
        Text1.SetFocus
        End Sub

        Private Sub Command3_Click()
        Dim xsmsg As String
        Open App.Path & "\xsdata.txt" For Random As #1 Len = Len(xsxx)
        lastrec = LOF(1) / Len(xsxx)
        List1.Clear
        For i = 1 To lastrec
              ②             ' 从 xsdata.txt 中提取第 i 条记录
           xsmsg = xsxx.xh & Space(2) & xsxx.xm & xsxx.nl & Space(2) & xsxx.dh
           List1.AddItem xsmsg
        Next
        Close #1
        End Sub

        Private Sub Command4_Click()
        List1.Clear                        ' 清空列表框
                   ③                       ' 删除 xsdata.txt 文件
        End Sub

        Private Sub Command5_Click()
        End
        End Sub
```

> 小贴士　LOF 函数：返回一个长整型数值，表示用 Open 语句打开的文件的大小，该大小以字节为单位。

✎ 笔记：（请记录注意事项、纠错过程、经典代码等内容）

实验四　文件系统控件的应用

【实验内容】

数据文件管理器的设计。

【实验指导】

1. 使用驱动器列表框、目录列表框、文件列表框和文本框。
2. 只显示 "*.txt 和*.dat" 文件。

3. 显示选择的 "*.txt 和*.dat" 文件的内容。

【界面设计】

界面设计及运行结果如图 9-4 所示。

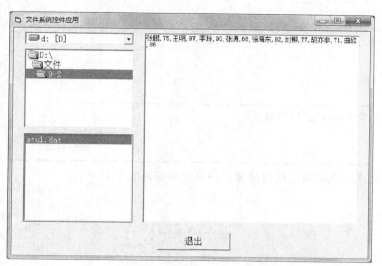

图 9-4　界面设计及运行结果

【主要属性】

表 9-4　　　　　　　　　　　Form1 及各控件属性设置

控件名	属性名	属性值
Form1	Caption	文件系统控件应用
Drive1	Name	Drive1
Dir1	Name	Dir1
File1	Name	File1
Text1	Text	（清除）
	MultiLine	True
Command1	Caption	退出

【代码设计】

```
Option Explicit
Private Sub Form_Load()
Dir1.Path = App.Path
  _____        ' 设置显示的*.dat 和*.txt 两种文件类型
End Sub


Private Sub Drive1_Change()
  Dir1.Path = Drive1.Drive
End Sub


Private Sub Dir1_Change()
  _____        ' 使文件列表与选定的目录同步
End Sub
```

```
Private Sub File1_Click()
    Dim word As String
    Text1.Text = ""
    Open _____ For Input As #1   ' 打开选择的数据文件
    Do While Not EOF(1)
        Line Input #1, word
        Text1.Text = Text1.Text + word
    Loop
    Close #1
End Sub

Private Sub Command1_Click()
    End
End Sub
```

✎ 笔记：(请记录注意事项、纠错过程、经典代码等内容)

第 10 章 图形

【实验目的】
1. 掌握窗体上坐标系的设定。
2. 掌握 Line 方法的使用。
3. 掌握 Circle 方法的使用。
4. 了解 Shape 控件的使用。
5. 掌握 MSmart 部件的使用。

10.1 基础型实验

实验一　Line 方法

【实验内容】
用 Line 方法，画出立体效果的图形。

【实验指导】
Line 方法的格式：

`[对象名.]Line [ [Step] (X1,Y1)]-[Step](X2,Y2),[颜色],[B[F]]]`

1. 利用循环结构画出如图 10-1 所示图形。

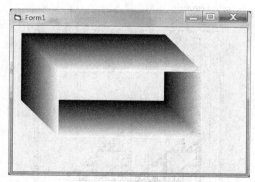

图 10-1　Line 方法画矩形

【代码设计】
在 Form 的 Click 事件中编写如下代码。

```
Private Sub Form_Click()
    For i = 1 To 1000
    Line (200 + i, 200 + i)-(4000 + i, 2000 + i), RGB(i / 4, i / 4, i / 4), B
    Next i
End Sub
```

2. 利用循环结构画出如图 10-2 所示图形。

图 10-2 Line 方法画马鞍面

【代码设计】

在 Form 的 Click 事件中编写如下代码。

```
Private Sub Form_Click()
    For i = 1 To 1000
    Line (200 + i, 200 + 2 * i)-(4000 + i, 2000 - 2 * i), RGB(i / 4, i / 4, i / 4)
    Next i
End Sub
```

思考 如何将循环结构用于画图功能，做出更多有趣的图形。

3. 分形图。

【实验内容】

利用递归算法画分形图形。

【实验指导】

画一个等腰直角三角形，将每条边的中点连线又构成四个等腰三角形；对每个等腰三角形重复上述过程，可以画出图 10-3 所示图形。

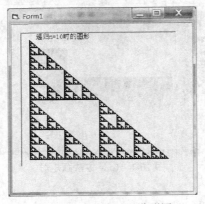

图 10-3 Line 方法画分形图

【代码设计】

在窗体中添加一个 PictureBox 控件,并编写如下代码。

```
Private Sub Picture1_Click()
    Dim n As Integer
    n = InputBox("输入n的值", "输入框")
    Picture1.Print Tab(5); "递归n=" & n & "时的图形"
    Picture1.Scale (0, 600)-(600, 0)
    Call triangle(30, 570, 30, 570, n)
End Sub

Private Sub triangle(x1!, x2!, y1!, y2!, k%)    '递归过程
    Dim u1!, u2!, v1!, v2!
    If (k > 1) Then
        u1 = (x1 + x2) / 2
        v1 = (y1 + y2) / 2
        Call triangle(x1, u1, v1, y2, k - 1)
        Call triangle(x1, u1, y1, v1, k - 1)
        Call triangle(u1, x2, y1, v1, k - 1)
    Else
        Picture1.Line (x1, y1)-(x2, y1)         '画三角形
        Picture1.Line (x2, y1)-(x1, y2)
        Picture1.Line (x1, y2)-(x1, y1)
    End If
End Sub
```

实验二 Circle 方法

【实验内容】

用 Circle 方法画图。

【实验指导】

Circle 方法的格式:

[对象名.]Circle [[Step](X,Y),半径[,颜色][,起始角][,终止角][,长短轴比率]]

利用循环从下到上画一系列椭圆,最上面的画成实心的。

运行效果如图 10-4 所示。

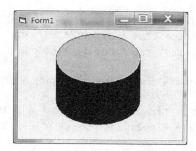

图 10-4 Circle 方法画圆柱体

【代码设计】

```
Private Sub Form_Click()
Dim i As Integer
For i = 1000 To 1 Step -1
```

```
        Circle (1900, 700 + i), 1000, vbBlue, , , 3 / 5
    Next
    FillStyle = 0
    FillColor = RGB(200, 200, 200)
        Circle (1900, 700), 1000, , , , 3 / 5
End Sub
```

实验三 时钟

【实验内容】

设计一个小时钟程序。

【实验指导】

界面设计如图 10-5 所示。在窗体中添加两个 Shape 控件：Shape1 作表盘，Shape2 作中心点；三个 Line 控件分别作为秒针、分针和时针；四个 Label 分别标记 3,6,9,12 点；一个 Timer 控件。

Timer 的 Interval 属性设为 1000；三个指针，秒针细长，时针粗短。

【代码设计】

```
Const PI = 3.1415926
Private Sub Form_Load()
    Line1.Tag = Line1.Y2 - Line1.Y1
    Line2.Tag = Line2.Y2 - Line2.Y1
    Line3.Tag = Line3.Y2 - Line3.Y1
    Form1.Caption = Format(Time, "Medium time")
    t = Second(Time)
    Line1.X1 = Line1.X2 + Line1.Tag * Sin(PI * t / 30)
    Line1.Y1 = Line1.Y2 - Line1.Tag * Cos(PI * t / 30)
    u = Minute(Time)
    Line2.X1 = Line2.X2 + Line2.Tag * Sin(PI * u / 30)
    Line2.Y1 = Line2.Y2 - Line2.Tag * Cos(PI * u / 30)
    v = Hour(Time)
    s = (v Mod 12) + u / 60
    Line3.X1 = Line3.X2 + Line3.Tag * Sin(PI * s / 6)
    Line3.Y1 = Line3.Y2 - Line3.Tag * Cos(PI * s / 6)
End Sub

Private Sub Timer1_Timer()
    t = Second(Time)
    Line1.X1 = Line1.X2 + Line1.Tag * Sin(PI * t / 30)
    Line1.Y1 = Line1.Y2 - Line1.Tag * Cos(PI * t / 30)
    If t = 0 Then
        Form1.Caption = Format(Time, "Medium time")
        u = Minute(Time)
        Line2.X1 = Line2.X2 + Line2.Tag * Sin(PI * u / 30)
        Line2.Y1 = Line2.Y2 - Line2.Tag * Cos(PI * u / 30)
        v = Hour(Time)
        s = (v Mod 12) + u / 60
        Line3.X1 = Line3.X2 + Line3.Tag * Sin(PI * s / 6)
        Line3.Y1 = Line3.Y2 - Line3.Tag * Cos(PI * s / 6)
    End If
End Sub
```

运行结果如图 10-6 所示。

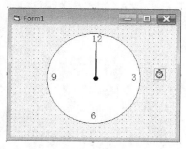
图 10-5 界面设计

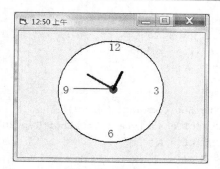
图 10-6 运行结果

10.2 提高型实验

实验 MSChart 控件应用

【实验内容】

直方图、折线图等图形在许多领域都有应用,通过该实验体会对二维数组数据的各种可视化描述。

【实验指导】

由于 MSChart 控件不是 VB 内建的基本控件,因此在使用前必须用工程菜单中的"部件"添加 MSChart 控件。添加 MSChart 控件的选项是"Microsoft Chart Control 6.0(OLEDB)"。在窗体中添加 MSChart 控件,并拉伸到适当大小;添加若干命令按钮,个数由 MSChart1.chartType 的不同值确定。

【界面设计】

界面设计如图 10-7 所示。

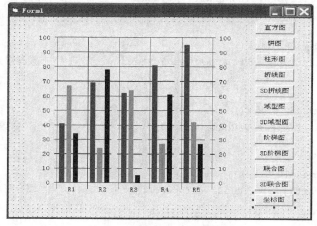
图 10-7 MSChart 控件的应用

【代码设计】

```
Dim A(1 To 5, 1 To 4) As Integer      ' 在窗体的通用栏目中定义数组 A
Private Sub Form_Load()
```

```vb
    For i = 1 To 5
      For j = 1 To 4
        A(i, j) = Rnd * 100
      Next j
    Next
End Sub
Private Sub Command1_Click()
   MSChart1.chartType = VtChChartType2dBar           ' 直方图
   MSChart1 = A
End Sub
Private Sub Command2_Click()
   MSChart1.chartType = VtChChartType2dPie           ' 饼图
   MSChart1 = A
End Sub
Private Sub Command3_Click()
    MSChart1.chartType = VtChChartType3dBar          ' 柱形图
    MSChart1 = A
End Sub
Private Sub Command4_Click()
    MSChart1.chartType = VtChChartType2dLine         ' 折线图
    MSChart1 = A
End Sub
Private Sub Command5_Click()
    MSChart1.chartType = VtChChartType3dLine         ' 3D 折线图
    MSChart1 = A
End Sub
Private Sub Command6_Click()
    MSChart1.chartType = VtChChartType2dArea         ' 域型图
    MSChart1 = A
End Sub
Private Sub Command7_Click()
    MSChart1.chartType = VtChChartType3dArea         '3D 域型图
    MSChart1 = A
End Sub
Private Sub Command8_Click()
    MSChart1.chartType = VtChChartType2dStep         ' 阶梯图
    MSChart1 = A
End Sub
Private Sub Command9_Click()
    MSChart1.chartType = VtChChartType3dStep         ' 3D 阶梯图
    MSChart1 = A
End Sub
Private Sub Command10_Click()
    MSChart1.chartType = VtChChartType2dCombination  ' 联合图
    MSChart1 = A
End Sub
Private Sub Command11_Click()
    MSChart1.chartType = VtChChartType3dCombination  ' 3D 联合图
    MSChart1 = A
End Sub
Private Sub Command12_Click()
```

```
    MSChart1.chartType = VtChChartType2dXY            ' 坐标图
    MSChart1 = A
End Sub
```

运行效果如图 10-8 所示。

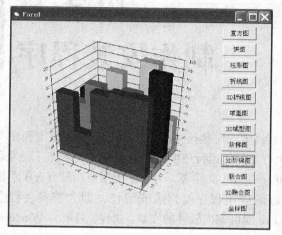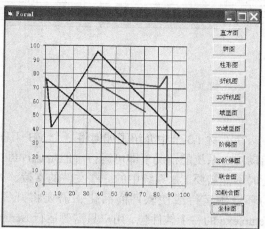

图 10-8　MSChart 控件应用

附录 A 制作安装程序

在教材 1.3 节中介绍了如何将一个 VB 工程编译生成可执行文件（.EXE），从而使该工程在不启动 VB 系统的情况下即可运行。但是这种可执行文件的运行还不能完全脱离 VB 系统，因为运行时可能需要 VB 系统中的一些文件的支持，如.ocx、.dll 文件等。为了便于用户在没有 VB 系统的环境中运行或使软件商品化，需要将开发好的应用程序制作成安装包，即含有安装程序 Setup.exe 的一个软件包，用户只需要运行 Setup.exe 即可完成软件的安装。这样，只要有 Windows 操作系统，该应用程序就可运行，而无需安装 VB 系统。

制作安装包可通过 VB 系统提供的专用工具"打包和展开（Package & Deployment）向导"来完成。通过"打包"和"展开"两个独立的步骤，很容易为应用程序创建 Windows 风格的安装程序。

下面以第 8 章基础实验"照片浏览与评价"为例介绍使用"打包和展开向导"制作安装程序的过程。

1. 打开"打包和展开向导"对话框

"打包和展开向导"对话框在使用前，需要通过 VB 系统集成开发环境中的【外接程序】菜单下的【外接程序管理器（A）…】来添加，如图 A-1 所示。

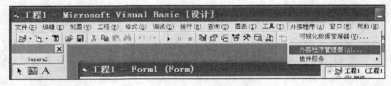

图 A-1 外接程序管理器

运行"外接程序管理器（A）…"命令，将打开"外接程序管理器"对话框，如图 A-2 所示。

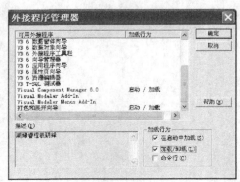

图 A-2 添加"打包和展开向导"

在"可用外接程序"列表中选中"打包和展开向导",在"加载行为"中选中"在启动中加载(S)"和"加载/卸载(L)",单击"确定"按钮,将会在【外接程序】菜单中出现【打包和展开向导…】菜单项,如图 A-3 所示。

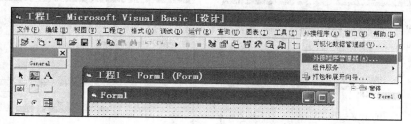

图 A-3　"打包和展开向导…"菜单项

2. 打包

单击【外接程序】菜单中的【打包和展开向导…】菜单项,将弹出图 A-4 所示的"打包和展开向导"对话框。

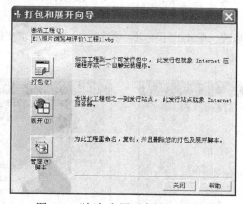

图 A-4　"打包和展开向导"对话框

单击"打包"按钮,系统将会检测工程是否有改动,若有改动则会弹出图 A-5 所示的对话框提示保存工程。

图 A-5　保存工程提示

打包之前应先用【文件】菜单中的【生成工程 1.exe】菜单项将工程生成可执行文件并放置在保存工程文件的文件夹中,否则系统会提示"浏览"可执行文件或"编译"生成可执行文件,如图 A-6 所示。此时,可单击"编译"按钮生成可执行文件。

图 A-6　可执行文件的浏览或编译

随后将出现图 A-7 所示的"包类型"对话框。

选择"标准安装包",单击"下一步"按钮,将出现图 A-8 所示的"打包文件夹"对话框。

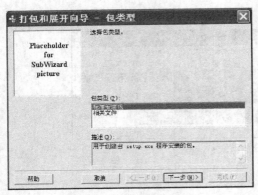 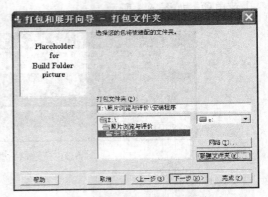

图 A-7 "包类型"对话框　　　　　　　　图 A-8 "打包文件夹"对话框

选择安装文件将要放置的文件夹,单击"下一步"按钮,将会出现"包含文件"对话框,如图 A-9 所示。

上述文件列表一般不做修改,单击"下一步"按钮,出现"压缩文件选项"对话框,如图 A-10 所示。

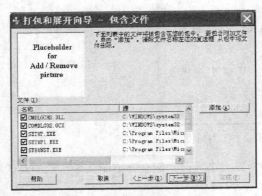 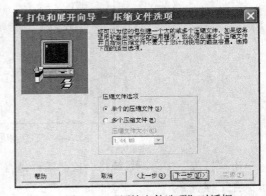

图 A-9 "包含文件"对话框　　　　　　　图 A-10 "压缩文件选项"对话框

由于目前可移动的存储设备通常存储能力较大,所以通常选择"单个的压缩文件"。单击"下一步"按钮,将会出现"安装程序标题""启动菜单项""安装位置""共享文件"等对话框,根据提示输入有关的信息即可。打包完成时会给出"打包报告",如图 A-11 所示。

3. 展开

已打包的文件通常存放在开发者的计算机设备上,为了给用户一个安装盘,需要将已打包的所有文件复制到指定的存储位置,如光盘、优盘或 Web 上。若仅仅使用 Windows 的"复制"命令可能会出现问题,如丢失文件等。可使用 VB 系统提供的"打包和展开向导"中的"展开"来制作安装盘。下面将以上面的"打包"结果介绍"展开"向导的使用。

单击图 A-4 中的"展开"按钮,将出现图 A-12 所示的"展开的包"对话框。

选择要展开的包,单击"下一步"按钮,将会出现图 A-13 所示的"展开方法"。

选择相应的展开方法,单击"下一步"按钮,将出现图 A-14 所示的"文件夹"对话框。

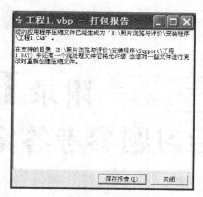
图 A-11　打包报告

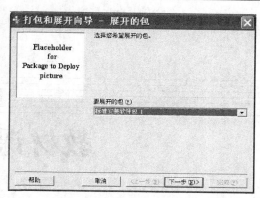
图 A-12　"展开的包"对话框

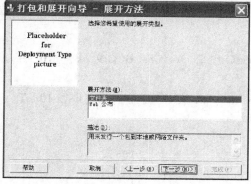
图 A-13　"展开方法"对话框

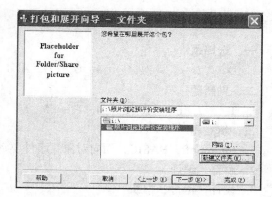
图 A-14　"文件夹"对话框

选择文件夹，该文件夹将保存与安装程序有关的所有文件，通常是光盘、优盘或 Web 上的某个位置。单击"下一步"将出现图 A-15 所示的脚本名称的确定。

单击"完成"按钮，将最后完成文件的复制，并给出"展开报告"，如图 A-16 所示。

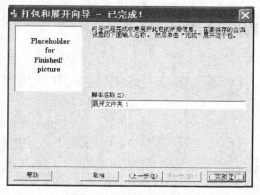
图 A-15　脚本名称的确定

图 A-16　展开报告

附录 B 教材课后习题参考答案

第 1 章 Visual Basic 入门

一、选择题

1. D 2. C 3. C 4. C 5. A 6. C 7. A 8. B 9. B 10. A

二、判断题

1. T 2. F 3. T 4. F 5. F 6. F 7. T 8. F 9. F 10. T

三、填空题

1. MicroSoft，BASIC，面向对象，事件驱动

2. 解释，编译

3. 设计，运行，中断

4. Windows、图形

5. 21

6. 对象、属性、属性

四、编程题

（略）

第 2 章 VB 基本控件和简单程序设计

一、选择题

1. B 2. D 3. B 4. C 5. D 6. C 7. B 8. C 9. D 10. C
11. B 12. C 13. B 14. A 15. C

二、判断题

1. F 2. F 3. F 4. T 5. F 6. F 7. T 8. F 9. F 10. F
11. T 12. T 13. F 14. T 15. T

三、填空题

1. Label1、Label1、Label1、Visual Basic

2. Form_Load

3. BorderStyle

4. Style

5. FontItalic

6. Default

126

7. Visible
8. Enabled
9. BackStyle
10. Locked
11. Show、AutoRedraw
12. Change
13. LoadPicture
14. 窗体
15. 属性、事件、方法

四、编程题
（略）

第3章　Visual Basic 语言基础

一、选择题
1．C　2．D　3．C　4．D　5．D　6．D　7．B　8．D　9．B　10．D

二、判断题
1．F　2．F　3．T　4．T　5．T　6．T　7．F　8．F　9．T　10．F

三、填空题
1. 0
2. Int（Rnd*20+31）
3. 157
4. Const
5. Variant，Empty
6. x Mod 5 = 0 or x Mod 9=0
7. x >=3 And x <=10
8. (Asc(s) >= 65 And Asc(s) <= 90) Or (Asc(s) >= 97 And Asc(s) <= 122)
9. -1
10. 456100
11. 200100
12. Chr(Int(Rnd * 7 + 65))
13. (x Mod 10) & (x \ 10)
14. 1279
15. DateDiff("d", Now, #6/30/2019#)

四、编程题
（略）

第4章　程序控制结构

一、选择题
1．D　2．A　3．A　4．B　5．D　6．D　7．C　8．D　9．B　10．A

二、判断题

1．F 2．T 3．T 4．F 5．F 6．T 7．T 8．F 9．T 10．F

三、填空题

1． 33

2． String

3． x Mod 5=0 or x Mod 9=0

4． 顺序结构、选择结构、循环结构

5． 0

6． If x>5 and x<15 then y=x

7． 1

8． Case 3 to 7

9． Loop

10． False

四、编程题

（略）

第5章 数组

一、选择题

1．C 2．C 3．D 4．D 5．C 6．B 7．C 8．A 9．A 10．B

二、判断题

1．F 2．F 3．T 4．T 5．T 6．F 7．T 8．T 9．F 10．F

三、填空题

1． 数据类型，名字

2． 连续

3． 21，24

4． 名称，Index

5． 可变

6． Erase，IsArray

7． Load，UnLoad

四、编程题

（略）

第6章 过程

一、选择题

1．C 2．B 3．BD 4．AD 5．C 6．A 7．C 8．C 9．D
10．C 11．D 12．A 13．B 14．B 15．D 16．A

二、判断题

1．T 2．F 3．F 4．T 5．F

三、填空题

1． 按值传递、按地址传递

2. Private、Public

3. 21、55、55

4. wide = InputBox("请输入矩形的宽度")
Call area(length, wide)或 area length, wide

四、编程题

（略）

第7章　常用内部控件

一、选择题

1．A　　2．B　　3．B　　4．A　　5．D　　6．A　　7．B　　8．B　　9．B

10．D　　11．D　　12．C　　13．AC　　14．D　　15．A　　16．C　　17．B

18．D　　19．D　　20．BCD　　21．A　　22．D

二、判断题

1．T　　2．F　　3．T　　4．T　　5．F

三、填空题

1．Max

2．Min

3．Interval

4．Enabled、Interval

5．列表框、文本框

6．Clear

7．List1．RemoveItem 4

8．Change、Value

9．（1）AddItem　　（2）List(2)　　（3）List1．ListIndex

四、编程题

（略）

第8章　用户界面设计

一、选择题

1．ABC　　2．C　　3．A　　4．C　　5．AC　　6．C　　7．BC　　8．ABCD

9．C　　10．C

二、判断题

1．T　　2．T　　3．T　　4．F　　5．T　　6．F　　7．T　　8．T　　9．T　　10．F

三、填空题

1．下拉式，弹出式

2．&，Alt

3．单击（Click）

4．顶级，False

5．PopupMenu

6．打开，字体，颜色

7. Load

8. 单文档，多文档

9. 主窗体，子窗体，子窗体，主窗体

10. MDIChild

四、编程题

（略）

第 9 章　文件

一、选择题

1. A　2. C　3. D　4. B　5. D　6. D　7. A　8. B　9. D　10. A

二、判断题

1. F　2. T　3. F　4. T　5. T　6. F　7. T　8. T　9. T　10. F

三、填空题

1. 顺序存取，二进制存取

2. 打开（或创建）文件，进行写或读操作，关闭文件

3. Open，Close

4. Input

5. LineInput

6. 二进制

7. Kill

四、编程题

（略）

第 10 章　图形

一、选择题

1. B　2. D　3. D　4. C　5. C　6. A　7. B　8. B　9. C

二、填空题

1. ScaleLeft，ScaleTop，ScaleWidth，ScaleHight，Scale

2. Move

3. Left = (Screen.Width - Width) / 2，Top = (Screen.Height - Height) / 2

4. Shape

5. Cls

6. Pset，Pset (100,100) ,BackColor

7. 150,200

8. PaintPicture

三、编程题

（略）